农民教育培训·人才振兴

农民健身手册

梁绍藕　马耀宗　刘敬敏 ◎ 主编

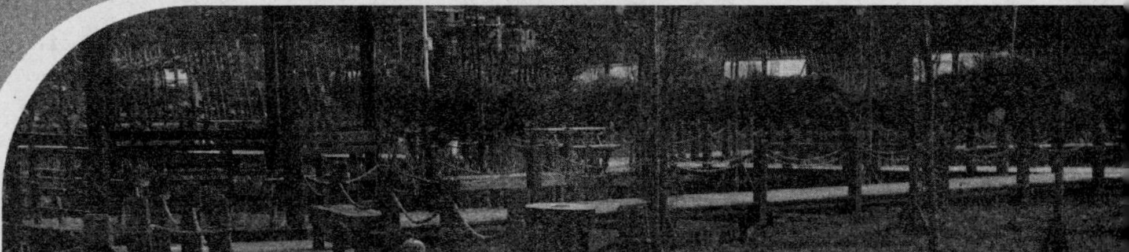

中国农业科学技术出版社

图书在版编目（CIP）数据

农民健身手册／梁绍藕，马耀宗，刘敬敏主编．—北京：中国农业科学技术出版社，2019.9

ISBN 978-7-5116-4406-0

Ⅰ.①农…　Ⅱ.①梁…②马…③刘…　Ⅲ.①健身运动-手册
Ⅳ.①G883-62

中国版本图书馆 CIP 数据核字（2019）第 201951 号

责任编辑　贺可香
责任校对　贾海霞

出 版 者　中国农业科学技术出版社
　　　　　北京市中关村南大街 12 号　邮编：100081
电　　话　(010)82106638(编辑室)　(010)82109702(发行部)
　　　　　(010)82109709(读者服务部)
传　　真　(010)82106650
网　　址　http://www.castp.cn
经 销 者　各地新华书店
印 刷 者　北京富泰印刷有限责任公司
开　　本　880mm×1 230mm　1/32
印　　张　4.875
字　　数　130 千字
版　　次　2019 年 9 月第 1 版　2020 年 12 月第 6 次印刷
定　　价　30.00 元

《农民健身手册》
编委会

主　　编：梁绍藕　马耀宗　刘敬敏

副 主 编：吴　均　韦劲莹　宋珊珊　顾文藤
　　　　　张　璐　王海峰　梁　欣　施福琼
　　　　　佟建坤

编写人员：孙明军　孙艳艳　张梦醒　张　宇
　　　　　迟　菲　赵鹏军　刘　凯

前　言

随着农村群众生活条件的不断改善，农民群众的生活方式和思想观念也发生了巨大改变，他们对精神文化的需求也越来越高，从过去的“回家休息”转变到“广场健身”。

习近平总书记指出要强化乡村振兴人才支撑，把人力资本开发放在首要位置。新型职业农民作为乡村振兴战略实施和现代农业建设的重要力量，不仅要“爱农业、懂技术、善经营”，同时也要体魄强健。把农民群众对美好生活的向往作为大事要事，满足广大农村群众的健身需求和精神文化需求，进一步推进农民健身运动。

本书主要讲述了开展农民健身的目的和意义、科学健身的方法和项目介绍、健身活动注意事项、趣味健身项目介绍等方面的内容。

由于编者水平所限，加之时间仓促，恳切希望广大读者和同行不吝指正。

编　者

目　录

第一章　开展农民健身的目的和意义

第一节　开展农民健身的目的

一、健康——人生价值观的基础支撑

改革开放40多年，中国人富裕了，最需要的是健康。新浪网曾对“中国人的价值取向”进行了调查，87%的人把“健康”排在首位。中关村一位IT工作人员告诉记者：“有了健康，什么就都有了，没有它一切都无从谈起。”有人风趣地比喻个人的别墅、轿车、存款、娇妻、满堂的子孙都是“0”，只有健康才是“1”，有了这个“1”，其他的“0”跟在后面才能赋予价值，否则一切仍然归于“0”。因为健康意味着生命的存在、生命的质量和生命的价值。

人的各种进退行止、权衡取舍也都体现出了这种价值取向。人们在挑选食品时不再以山珍海味为标准，而以是否有利健康为要求；人们在选择商品房、购买装修材料时，以是否影响健康为取向；招待客人时会认为请客吃上一餐饭，不如请客出上一身汗。在日常生活中人们用于健康消费的比重越来越大，花在获得健康上用的时间越来越多。

我们正在全面建成小康社会，这不仅仅是物质层面的概念，也包含了人们精神层面的内容，无论物质的，还是精神的小康，都必须以人们的身心健康为基本前提。小康是一种健康幸福的社会，没有健康就没有小康。

二、体育健身——人克服“文明病”“亚健康”的第一选择

2003年SARS的不期而至给人们一个警示。社会应急、公共防疫、环境保护、健康教育、医疗保险、体育健身，乃至公

民意识、文化责任等许多领域和众多行业都在向人们提出告诫：健康是不能忽视的。

传染病还没有彻底根除，慢性非传染性疾病又提前到来，更让我们猝不及防。恶性肿瘤、脑血管疾病和心脏病汹涌而来，已成为城市居民的三大杀手。多项研究表明，这些所谓“文明病”的诱发在很大程度上取决于人们的膳食结构、日常的生活习惯、有无不良嗜好、精神紧张焦虑程度和活动量大小。

现代生活造就了一个灰色健康群体，亦称第三健康、亚健康群体。亚健康的人群在总人口中的比例日趋升高，医学人士估计已高达70%。其症状是：食欲不振、疲乏无力、失眠多梦、烦躁、易发怒、健忘、胸闷、心悸、头疼、头晕、感觉迟钝、注意力不集中、记忆力下降、思维和想象能力降低、偏执、消极悲观、情绪低沉、犹豫不决、容易沾染坏习惯等。亚健康人群应该到哪里去“求医”？用什么良方去“治病”？毫无疑义的答案是体育运动。这是因为：

体育运动还我们以强健的体魄和健全的精神。体育运动在不断提高各器官系统机能的同时，又有效地抑制和消除了因工作、学习而形成的机体疲劳、精神紧张、情绪复杂等身体状况，最终使人体不断获得健康。

体育运动是防止人体机能结构退化的最重要的手段。经常锻炼可以通过增加乐趣和增强自尊来改变生活质量。实践表明：经常进行体育活动能有效地防止肥胖，可在很大程度上改善身体虚弱、行动不便和衰老的状况。对骨质疏松症的研究表明，高强度的训练可使骨密度增加50%，不间断的体育锻炼可以明显改善身体机能使人的生物年龄比实际年龄年轻10～20岁。

有规律的体育锻炼可以革除不良的生活习惯，防治“文明病”的发生。经常参加体育运动是减少“文明病”发病率的有效手段。运动是消除肥胖的良方，因为它是消耗能量的主要方式，习惯性的运动和健身活动有助于降低高血压、缓解精神紧张。体育活动和运动训练能增加胰岛素的敏感性，降低血浆胰岛素浓度，增加葡萄糖的耐受力，这样就能减少成年人尤其是过胖的人得糖尿病的机会。运动是减少中风的有效手段，运动也能减少各种类型的癌症的发病率。

体育运动可以培养健康的人格。无论是体育实践还是体育欣赏，都是人们获取经验和宣泄情感的重要方式，对大众产生了巨大的影响作用。参加体育活动与收看体育转播的效果截然不同，亲自参加体育活动可使人们从中获取极为重要的基本经验和感性认识。参加体育活动能增强人们的信心，能增强人们之间的相互理解，促进人们取得相互交流与合作，也可以提高人对社会责任和道德价值观的进一步认识。

体育运动可以培养健康的、具有创造性的行为。参与体育运动能开发人的活动潜能，不仅使身体得以运动，而且能提高创造力。

体育运动可以造就科学、健康、文明的生活方式。体育生活作为恢复人的本质与体现人的价值的社会实践活动，是一种人性的解放。通过愉快、自由地享受体育生活，可以发展人类的身体和智力，与人、社会和大自然产生沟通和交流，拥有健全的人格，产生幸福感和满足感。只有选择体育生活方式才享有体育赋予的基本权利。

人们在价值取向上首选了健康，在方法手段上又首选了体育运动，这是因为体育健身活动不仅是降低“文明病”发病率、消除“亚健康”状态的一种最积极、最有效、最可靠的手段，而且是最方便、最廉价、最快乐的手段。

第二节　健身运动对身体发展的作用

一、健身运动能增强人的运动系统功能

运动系统主要由骨、软骨、关节和骨骼肌等组成，其主要功能是起支架作用、保护作用和运动作用。人体的运动系统是

否强壮、坚实、完善，对人的体质强弱有重大影响。例如，骨骼和肌肉对人体起着支撑和保护作用。它不仅为内脏器官，如心、肺、肝、肾以及脑、脊髓等的健全、生长发育提供了可能，而且能保护这些器官不易受到外界的损伤。骨、软骨、关节、骨骼肌是人体运动器官，骨的质量，关节连接的牢固性、灵活性，肌肉收缩力量的大小和持续时间的长短等，在很大程度上决定人体的运动能力。青少年经常从事体育锻炼，能促进骨的生长，使骨骼增长、横径变粗，骨密度增大，骨重量增加。经常锻炼，也能使肌纤维变粗，肌肉横断面积加大，肌肉收缩能力和张力增强，从而不断提高肌肉的力量和耐久力。据测定，一般人的肌肉重量约占体重的 40%，而经常锻炼的运动员的肌肉重量可达体重的 45%~50%。体育锻炼也是调节体重的重要因素，可使其身体成分明显改变，改变程度视训练强度和时间而异。研究人员观察 34 名每天坚持锻炼的青春期女孩，发现 5 个月后其瘦体重显著增加，脂肪量相应减少，体重却变化不大。研究人员对 11~18 岁男孩进行长达 7 年的追踪观察，他们的运动强度不同（每周分别运动 6 小时、4 小时、2. 5 小时），瘦体重增加也不同，且两者之间有显著的相关性。身高、体重、胸围是衡量青少年身体发育水平的主要指标。国内外的学者曾通过横剖面调查和追踪调查，取得了许多数据资料，发现经常坚持体育锻炼的青少年的身高、体重、胸围的增长幅度，一般高于不经常锻炼的青少年。这说明，体育锻炼对于人体的肌肉、骨骼系统的发育起着良好的促进作用。

二、健身运动对心血管系统的影响

体育运动可以有效地提高血液循环系统的机能。从事体育运动，可以使心肌发达、心壁增厚、心脏体积和容积增大、血管弹性增强、每搏及每分钟输出量（即心脏跳一次及一分钟所排出的血量）增加。正常人心率为 70 次/分左右，而经常参加运动者为 50 次/分左右，且跳动有力。这说明通过体育锻炼可使心肌发达，心收缩力加强，每搏输出量增多，心脏能用较少的跳动次数完成所需的工作量，这有助于增加心脏休息的时间，减少心脏本身的疲劳。

（一）窦性心动徐缓

健身，特别是长时间小强度体育活动可使人体安静时心率减慢，这种现象称为窦性心动徐缓。窦性心动徐缓现象表现的机体对健身活动的适应性心率的下降可使心脏有更长的休息期，以减少心肌疲劳。

（二）每搏输出量增加

经常参加健身的人无论是安静还是运动状态下，每搏输出量均比一般正常人高，特别是在运动状态下，每搏输出量的增加就更为明显。这种变化使人体在健身时有较大的心输出量，以满足机体代谢的需要。

三、健身运动对血液成分的影响

从心血管系统与呼吸系统功能的角度来评价，两者是紧密相连的；因为人体活动时，氧与二氧化碳的运输是靠心血管系统功能来完成的，而气体的交换却是在肺部。任何一方的功能障碍，都会严重影响生命活动。体育锻炼时，肌肉对血液循环的要求大大提高，心肌加强收缩，增加血管内压力，血流加速，冠状动脉扩张，大大提高心肌对能量的吸取和利用。所有这些都有赖于心肌兴奋性的提高，促进血管系统一系列的连锁反应，才能更好地保证肌肉的活动。有研究证明，安静时，肌肉大部分毛细血管不开放，肌肉每平方毫米横断面有毛细血管 31～270 根，而运动时可增加到 2 500～3 000 根。研究还证明，健康成人冠状动脉血流量占心输出量的 8%～9%。运动时，在吸氧量增加 2～2.5 倍的情况下，冠状动脉血流量可达安静时的 5～7 倍，极大地改善了心肌的血液供应。此时，肌肉（骨骼肌）的血液供应也明显增加，肌肉对能源物质的利用率提高了，工作效率也就提高了。所以，体育活动对心血管系统的锻炼，首先是对供应心肌本身血液的冠状动脉的锻炼。

四、健身运动能改善人的神经系统功能

人体是一个整体，主要由神经系统统一控制、协调全身各器官的活动，包括思维、生理功能和行动。神经系统包括中枢神经和周围神经。中枢神经是全身的指挥中心，处于统帅地位。它由大脑、小脑、脑干和脊髓等组成。从脑和脊髓发出的周围神经分管着全身不同的功能。人体各器官系统在神经和神经体液的协调下相互制约，维持生命的正常活动。在体育锻炼时，好像只是肌肉在活动，如跑步时，从表面上看，只是腿部肌肉在收缩，双手在摆动。但此时心跳已经加快，血液流动已经加速，呼吸变得急促等，这些都是身体内环境的变化。从外环境来说，气温、场地、观众以及比赛的对手等因素，都对机体产生影响。神经系统对内外各种复杂因素引起的变化，都需要做出迅速而正确的应答。体育运动需要有一个完善的、反应敏捷的神经系统的指挥，反之，体育锻炼也增强了神经系统的指挥协调能力，能更好地适应各种环境，改善某些器官功能上的缺陷（如残疾），促进并提高各组织器官向更高、更强、更完善的生理功能发展。保护和提高神经系统的指挥协调功能，最好的方法是加强锻炼。了解神经系统的功能和活动规律，能使我们对体育锻炼更富于理性认识，从而增强对身体锻炼的积极性、自觉性和目的性，做到持之以恒。

体育运动对我们人体的各个系统都有良好的作用，是日常生活中不可缺少的部分。在儿童、少年、青年时期，它可以促进人体的生长发育；在壮年时期，它可以使人们保持充沛的精力与体力，不至于使机体发生早衰现象；到了老年，它可以防止人体细胞过早退化，使我们的生活充满活力，有利于人们培养乐观的情绪；在运动时人们排除一切忧虑，这对于各个内脏器官和整个机体的新陈代谢有良好的作用。

五、健身运动对消化系统生理功能的影响

消化系统包括消化道和消化腺两大部分。消化道从口腔、咽、食管、胃、小肠直至大肠。消化道是食物经消化、吸收及排泄的通道。消化腺包括唾液腺、肝脏、胰腺以及整个消化管壁内的许多小腺体。消化腺分泌各种消化液，将食物分解、消化，然后由消化道吸收其有用的成分，排出糟粕。

体育锻炼时，肌肉活动明显加强，需要充足的能量供应，要求消化系统加强活动，分泌更多的消化液；运动促进胃肠血液流动，有利于吸收更多的营养物质供机体利用。所以，在体育活动的影响下，胃肠功能得到了进一步加强和改善。锻炼后，身体消耗了许多能量，迫切需要得到补充，这时人们常常会有饥饿感，食欲明显增加，消化和吸收功能会明显加强。长期坚持锻炼，偏瘦的人体重会逐渐增加，肌肉会逐渐增大。对有消化不良、胃肠功能紊乱者，锻炼也会起到药物所不能起的作用。

六、健身运动对泌尿系统生理功能的影响

人体活动是全身各系统综合活动的结果。身体中非气体性新陈代谢产物，主要通过泌尿系统排出体外。所谓泌尿系统是指肾、输尿管、膀胱和尿道。进行体育活动时，全身器官的活动都加强了，由于新陈代谢旺盛，产生大量的废物，通过血液循环，经肾脏过滤，随尿排出体外，如乳酸（疲劳产物）、尿素、尿肌酐以及脂肪的代谢产物酮体等。全身各系统在中枢神经的支配下，总是这样相互协调、相互制约，保持一个恒定的动态平衡。运动时，从皮肤、呼吸道丢失大量的水分，汗液中也排出大量的盐分，此时，排尿量就减少。肾脏具有调节功能，当体内某些物质（如水）过多时，尿量就增加，但不足时又会重新吸收，减少排出。肾脏的这种自动调节功能，是根据体内的需要和酸碱平衡而增多或减少排泄，以保持体液浓度正常的比例关系。正是这种过滤、重吸收、排泄活动，增强了肾脏

功能。

体育锻炼增强了肾脏对维持体内的酸碱平衡、体液平衡的功能，对排出新陈代谢时产生的大量废物，都具有极其重要的意义。

七、健身运动对心理和睡眠的影响

睡眠是一种复杂的生理和行为过程。经过睡眠后，神经系统的机能可得到最大限度的恢复。高质量的睡眠可以起到调节心情、延年益寿的作用。

人人都需要睡眠，人的一生大约有 1/3 的时间是在睡眠中度过的。睡眠就像水和空气一样，是人类生命活动所必需的基本生理、心理过程，是人体必不可少的。睡眠不是简单觉醒状态的终结，而是不同生理、心理现象循环往复的主动过程。人体睡眠和觉醒的交替与昼夜节律相一致，这种昼夜节律的变化是人体生物钟体系的重要功能之一。在睡眠中人的大脑仍然在活动，其身心活动仍保持一定的水平，正常的睡眠时间和节律与人体生理及心理健康关系密切，是反映身心健康的重要标志。

通过长期有氧运动研究发现，Buysee 博士等编制的匹兹堡睡眠质量指数（Pittsburgh Sleep Quality Index，PSQI）问卷评价睡眠质量量表可作为评价睡眠质量的工具。匹兹堡量表统计结果表明，7 个成分中的睡眠质量、睡眠时间、睡眠效率、安眠药物 4 个成分与在运动前比较有非常显著性差异；运动后 PSQI 总分与运动前比较有较显著性的下降：PSQI<7（PSQI>7 为睡眠质量较差），已有非常显著性差异；Zimg 焦虑自评量表（Self-rating Anxiety Scale，SAS）及抑郁自评量表（Self-rating Depression Scale，SDS）的统计中，焦虑、抑郁（SAS、SDS）分值均显著小于运动前，并且有显著性差异，表明被调查者运动锻炼后对睡眠的满意度显著好于运动前。由此表明，运动锻炼有效地改善了人体的睡眠质量，增加了人们的社会交往能力，增强了对生活的适应感、信心感、快乐感和道德修养；消除和减轻了抑郁、紧张、焦虑、易激惹、敌对等情绪障碍，使运动者对生活充满自信心和乐趣，进而提高了人体的身心健康水平和生活质量。

第二章　科学健身的方法和项目介绍

第一节　常见健身项目介绍

一、走跑类项目

（一）走跑类项目健身原理

健步走和慢跑的基本原理是积极刺激全身的肌肉、心血管系统，使其达到一个能承受更强刺激的水平，这一过程可使身体得到全面的锻炼。健步走和慢跑是采用较长时间、较慢速度、较长距离的有氧锻炼方法，其技术特点简单、易掌握，男女老少均可参加。该项运动不受场地、器材限制，可在田径场、公路、树林、公园及田间小路等地练习，是我国群众性体育活动中普遍开展的项目之一。

（二）走跑类项目健身特点

走跑类项目是最常用的有氧运动锻炼项目之一，是简便易行的健身运动，适合各种人群，尤其是中老年人。

步行就是轻松地散步，是最简便、最安全、最受人们喜爱的健身方法。它不受年龄、性别、身体健康状况、场地器材设备等条件的限制，不论男女老幼，都可以通过步行来达到健身的目的。步行时，四肢动作自然而协调，可以增强人体心血管的机能，调节全身血液循环系统和呼吸系统的功能，可使全身关节、肌肉都得到适度的运动，人体的气血流通、经络畅达，壮筋骨、益五脏，对神经衰弱、冠心病、肥胖症、糖尿病、消化不良等多种疾病有一定预防效果。轻快的步行可以缓和神经、肌肉的紧张，是治疗情绪紧张的最好方法，对消除疲劳、保养身体，以及提高学习和工作效率都有很大的帮助，是有效的精神调节剂。

健身跑是一项历史悠久的、群众性的健身运动，锻炼价值较大且简便易行。健身跑是具有中等强度的健身运动，一般适合中年及青少年人群进行有氧运动锻炼。近年来，健身跑已成为国内外群众性的健身活动，我国更是推出了全民健身跑活动，可见跑步是最好的健身方法之一。实践证明，健身慢跑能增强心肺功能、加速血液循环、调整全身血液分布、提高呼吸系统的机能。

（三）走跑类项目类别

1. 健身走

健身走是一种全身运动，它使下肢及身体 70%以上的肌肉能得到运动，并且能使所有器官组织活跃起来。健身走也是一种缓和的运动，它能使肌肉发达，消耗多余的热量，达到减肥、保持较低体重的目的，同时还可以增强骨骼的密度和心脏机能，从而防止心血管疾病及胆固醇的减少。此外，走步时大脑中枢神经活动放松，还能使人缓解忧虑不安及精神压力。健身走可以有效地增强下肢各部位关节、韧带、肌群的力量和柔韧性以及增强控制身体平衡的能力。

（1）自然、正确的走姿。养成良好的走姿与习惯非常重要。人的走步姿势、速度和力度体现着一个人的气质、素质及健与美的标准。自然正确的走姿是躯干正直、自然挺胸，头部与躯干保持一致，目视前方，两臂靠近体侧，前后自然摆动。

（2）健身走的速度与时间。鉴于个人的身体条件与健康状况，走的速度可根据情况进行调节，年老体弱者以较慢速度运动为宜。按常理来说，一般的健身者刚开始进行走步锻炼时，不要过快，一段时间适应后再适当加速，逐渐过渡到快速。锻炼时，可以分慢速（每分钟 60~80 步）、中速（每分钟 80~100 步）、快速（每分钟 100~120 步）进行练习。

（3）健身走的方式。健身走的方式多种多样，不同的锻炼方法会产生不同的效果。健身走主要包括散步走、定距离或定时间散步走、按腹走、逍遥走等。

散步走的方法主要有4种：

①普通散步法：一般指用慢速（每分钟60~80步）散步，每次散步30~60分钟，这种散步多用于健身。

②快速步行法：这种步行速度为每小时5~7千米，每次步行30~60分钟，一般适用于中老年增强心脏功能和减轻体重。这种方法应分阶段、循序渐进地进行，运动者的心率控制在120次/分以下为宜。

③越野步行法：越野步行健身运动不同于一般散步，它必须达到一定的运动负荷。这种方法包括在平地上和坡地上步行。此类定量步行适用于心血管系统患慢性病和患肥胖症的患者。

④倒行散步法：这是一种锻炼平衡力的较好方法，它可以使腰部肌肉得到短暂休息。倒行散步法一般在公园里进行，道路要宽敞，确保人身安全。

2. 健身跑

健身跑又称慢跑，它是采用较长时间的有氧锻炼方法。该项运动不受场地、器材限制，可在田径场、公路、树林、公园及田间小路等地练习，是我国群众性体育活动中普遍开展的项目之一。健身跑的种类可以分为以下几种：

（1）健身慢跑。跑步速度可以根据自己的体质而定，体弱者可以比走步稍快一些，体质好的可以更快一些。以保持有氧代谢为前提，跑的过程中，心跳的频率每分钟最低不少于120次，最高不超过180次，最佳心率是180次减去自己的年龄数。呼吸以微微感到气喘为宜，在跑步一开始就应该注意呼吸的节奏，吸气时鼓腹，可以很自然地形成腹式呼吸。跑步时，上体稍前倾，头和上体应成一条直线，两臂屈肘，前后自然摆动。全身肌肉、关节尽量放松，以轻快的步伐，进行全身协调配合的运动。运动时间以每天20~30分钟为宜，刚开始时应以小运动量进行运动，注意循序渐进。每星期运动5~6次，也可以隔天进行一次运动，运动应长年坚持，持之以恒。

(2) 原地跑。在雨、雪或冰冻天不方便出门跑步时，可以将住宅或居室作为健身房，采用原地跑步法进行运动。运动的时间和运动的强度自由控制，完全取决于本人的身体条件和需求。原地跑是一种不受场地、气候、设备等条件限制的健身方法，可以根据跑步的速度专门挑选最合拍的音乐，在音乐伴奏下进行锻炼。

(3) 变速跑。变速跑是在跑的过程中快跑与慢跑交替进行的跑法，适合体质较好的长跑爱好者。变速跑不但能够有效提高肌肉有氧代谢的能力，还能积极地改善肌肉进行无氧代谢的能力。变速跑不仅对一般耐力发展有好处，而且还能提高机体的速度耐力素质，对提高人体机能大有益处。

(4) 走跑交替法。在跑的过程中跑与走交替进行，此法适合体质较弱者采用。走跑交替健身法是先走后跑，交替进行，它不同于健步走。走跑交替需要根据锻炼后体质增强的情况和身体的适应能力，逐渐增加运动量（也可减少运动量）。一般是运动者先走一两分钟，再以每分钟 100 米的速度慢跑 1 分钟，然后再走，如此交替进行。

(5) 倒退跑。倒退跑是反序运动中的一个健身活动项目，是与平时正常跑步方向、顺序相反的跑法。倒退跑时，上体正直稍向后，抬头挺胸，双眼平视，双手半握拳，全身放松，控制身体不要左右摇摆。倒退跑是一种自我控制速度，轻松自如的锻炼方式。

(6) 沙滩（沙地）赤足跑。赤足在沙滩慢跑，可使脚底肌肉、筋膜、韧带、神经末梢更多地接触沙砾，使敏感区受到刺激，调节人体全身功能，达到保健强身的作用。

除此之外，生活在城市的人们，因锻炼的场所受到限制，可利用楼房的楼梯进行爬楼梯活动锻炼身体。

（四）走、跑类项目健身的注意事项

1. 注意掌握正确的走跑动作和健身方法

不正确的动作和方法，不仅达不到预期效果，而且会损害

关节和其他器官，甚至危及身体健康和生命。在进行走跑类项目健身时，不同年龄、体质的人群要根据个人身体情况，循序渐进、把握强度、掌握要领，从而提高锻炼效果。

2. 注重健身器械和装备

鞋是进行走跑健身时最重要的装备之一。锻炼时，身体的重量和地面的反作用力都会作用脚上，因此在走跑过程中，脚会承受比平时状态下更大的冲击力。穿着一双合适的运动鞋是保证走跑过程中适宜舒适度的重要物质基础，它能够缓冲脚接触地面时所受的冲击力。

3. 注意季节变化，调整锻炼策略

根据气候的变化调整健身走跑的锻炼方式，不同季节的健身应该注意不同的注意事项，这对预防疾病、保证健身运动质量都十分重要。春天天气突然转暖，人的新陈代谢随即变快，身体容易感到困乏和不适，这个时候注意做好春寒预防措施，加强锻炼，减少运动强度，适应天气的变化，保持旺盛的精力。夏天进行走跑类项目健身时要避免高温，选择吸汗服饰，在锻炼前或锻炼中要及时补充水分，运动后饮食要适量，不可骤然降温，同时注意做好防暑措施，降低运动强度。秋季天气渐渐变凉，早晚温差较大，人体代谢较慢，因此，秋季健身跑应该根据气候与生理变化特点，合理安排健身计划，要及时补水，防止秋燥，运动要循序渐进。冬季在低温环境下，健身时应注意保暖，做好充分的准备活动，走跑强度要灵活掌握，运动量由小到大，由弱至强。没有体育锻炼习惯的中老年人，在参加慢跑锻炼前，应做全面的体格检查，锻炼时最好在医务人员、社会体育指导员指导下进行。

二、体操类项目

（一）体操类项目健身原理

体操健身是指以增强体质、增进健康为目的，以体操为练习内容的健身形式。体操运动中的一些基本练习内容，由于不受时间、场地、年龄、性别的限制，在大众健身活动中已广泛采用。体操类项目是结合美学、社会学、运动生物力学、运动生物学及运动心理学等，逐步形成的一套与体操运动发展相适应、符合社会发展需求的一整套理论体系与实践方法。

体操健身是以健康第一的指导思想和以人为本的教育思想为基本理念，突出体操锻炼的健身功能，以此培养练习者的健康意识。因此，体操健身锻炼应以改进和提高练习者的身心健康为前提，结合生活中的身体活动，使体操锻炼中的一些基础动作和手段成为安全锻炼和维护健康的基本方法。练习一般情况下是利用器械进行的，动作变化各异，在练习过程中，往往需要克服器械等障碍对心理产生的恐惧感，这对培养练习者勇敢、果断、克服困难的意志品质有着积极的作用。

（二）体操类项目健身特点

1. 提高身体素质及机体基本的活动能力

随着现代文明的不断发展，人类的身体活动日益减少，身体活动能力减弱，从而影响到人类的健康。体操类健身项目是把提高身体活动能力、增进健康作为直接目标的身体运动。体操类项目中的徒手体操、轻器械体操、专门器械体操、器械体操等练习都是提高身体活动能力的有效方法，通过选用不同的动作以及运用不同的锻炼方法，可以提高人体的基本活动能力，这也是体操提高人体活动能力以及提高身体素质的价值所在。

2. 促进身体机能的发展

在器械体操练习中，有悬垂、支撑等静力性动作，也有回环、转体、滚翻等动力性动作。当人体在完成这些动作时，身体在空间的位置就会随时发生变化，这种刺激会反射性地引起肌肉紧张的变化，这种动静结合的方式有利于前庭器官产生适应性变化，从而提高人体机能的稳定性。在体操练习中，由于向心力、重力的作用，使得身体的血流重新分配，如做倒立等动作。长期进行这些动作的练习，可以改善血管的收缩机能，从而调节血压和血流量。

3. 塑造健美的形体

体操练习的许多内容对形成健美的形体具有独特的功效，是塑造健美形体的有效方法与手段。长时间坚持体操锻炼，可以使骨骼、肌肉、关节和韧带都发生一定的适应性变化，从而使人的形体更加健美。体操练习中，基本体操的练习对培养青少年儿童良好习惯、纠正不良姿态具有重要的作用。

4. 培养良好的心理素质

体操项目是非对抗性项目，一般采用个人练习的手段。在运动过程中，练习者处在特定的空间和时间范围内，有些动作是平时运动中不能体验到的，是利用器械进行的。练习者在练习过程中，往往要克服器械等障碍对心理产生的恐惧感，这就必然要树立战胜困难的信心。因此，进行体操项目的练习，对培养良好的心理素质和意志品质有着积极的作用。

（三）体操类项目主要类别

1. 徒手体操

徒手体操是体操类健身项目中最基本的练习和常见的健身形式，是徒手进行人体各关节的屈伸和绕环等动作的组合练习，对提高人体各关节的活动幅度和力度具有明显的练习效果。徒手体操练习不受场地和器材条件的限制，是最贴近于普通大众、最易于普及的体操类健身项目之一，也是体操项目的基础运动方式。由于职业不同和工作环境条件的限制，人体可能长时间处于某个姿势，长此以往，会造成不良的身体姿态。所以，练习者应根据自身的需要有针对性地设计活动的部位、幅度、力度等，矫正不良的姿势、提高工作效率。

2. 轻器械体操

轻器械体操是在徒手体操的基础上，通过手持跳绳、体操棍、实心球、木哑铃等轻器械进行的身体练习。其练习形式多样，根据不同器械的特点，利用这些特点可以改变练习的难易程度、附加重量等，同时可以利用器械进行抛接、传递、跳跃等练习，具有独特的锻炼价值。这类练习可提高练习者的兴趣，此处就跳绳的练习方法进行简要介绍。

跳绳运动是一项时尚、健康的体育健身项目，对全民健身、素质教育、文化建设起到积极的作用。跳绳的动作矫健优美、易于学习，所用的器材简便，而且不受年龄的限制。跳绳亦不受季节和场地条件的限制，只要有一条绳子和一块空地，一年四季都可以根据自己的体力和所掌握的技术进行锻炼。通过各种跳绳练习，可以使速度、力量、灵敏、耐力等身体素质得到发展，同时可以培养身体的灵活性、协调性，以及顽强的意志和奋发向上的精神。

（1）并脚跳。

【健身方法】两手持绳向前摇，双脚并拢跳跃过绳，绳子绕过身体一周，一摇一跳。

【健身注意事项】可以先进行徒手摇绳练习，随后进行单手持绳摇绳与跳跃。练习时，膝关节和手部放松，节奏一致，各关节富有弹性，眼睛目视前方。在此基础上可以进行并脚后摇跳练习。

（2）双脚交换跳。

【健身方法】双手持绳向前摇动，两脚依次向上抬腿跳跃过绳，一摇一跳。

【健身注意事项】可以先进行徒手摇绳练习，随后进行单手持绳摇绳与跳跃，要注意两手腕自然放松，手和脚节奏一致。

（3）弓步跳。

【健身方法】两手持绳向前摇，当绳子过脚与在空中运行时，两脚分开成前弓步，当绳子打地快经过脚时，双脚并拢跳过绳。

【健身注意事项】注意两手腕要放松，膝关节和踝关节也要放松，控制好节奏，做到前脚掌着地时有弹性。跳跃时，身体保持直立姿态，两眼目视前方。

（4）基本交叉跳。

【健身方法】此动作分为两拍完成，第一拍为两手直摇跳，第二拍为两手交叉摇绳，一拍一动。

【健身注意事项】先进行徒手练习，原地练习手部动作——交叉摇绳，随后做交叉跳动。在交叉时，手腕要放松，控制好摇绳和跳动的节奏。在此基础上，进行基本交叉后摇跳练习。

（5）双摇跳。

【健身方法】两手向前摇绳，双脚同时跳起，每跳起一次，跳绳先过头顶，再通过脚下，绕身体两周，完成双摇跳。

【健身注意事项】先进行徒手练习，再进行带绳练习，也可以通过两个单摇加一个双摇进行练习。双摇跳的动作对手、脚的节奏配合要求较高，在练习时身体要放松，跳起和落地时要有弹性。在熟练掌握双摇跳的基础上可进行三摇、四摇的练习。

3. 专门器械体操

专门器械体操是指在体操凳、肋木、爬绳、爬杆、倒立架等器械上进行的身体各部位的练习，其特点是身体依附于器械上，通过变化移动的高度、远度、动作以及附加条件等，提高身体素质。该类项目练习对增强肌肉力量、速度、耐力，提高攀爬能力以及培养练习者勇敢、果断的精神有着良好的作用。近年来，由于全民健身的开展，在众多的全民健身器械中，出现了很多与目前体操器械结构相同或相似，功能上相同或相近的专门器械，极大地丰富了体操内容。

（1）肋木压肩、拉肩（图 2-1）。

【健身目标】提高肩部的柔韧性。

【健身方法】面对肋木，两脚开立，两手握住肋木压肩；背对肋木，双手握住肋木，下蹲拉肩。

【健身注意事项】在拉肩过程中，下蹲速度要慢。

（2）肋木压腿（正、侧压腿）（图 2-2）。

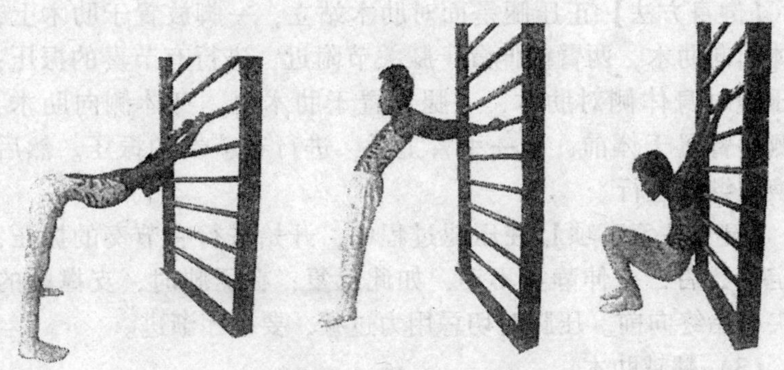

图 2-1　肋木压肩、拉肩

图 2-2　肋木压腿

【健身目标】提高腿部的柔韧性。

【健身方法】正压腿是面对肋木站立，一脚放置于肋木上，身体面向肋木，两臂前伸置于膝关节附近，进行有节奏的振压；侧压腿时身体侧对肋木，一腿放置于肋木上，身体侧向肋木，同侧手臂置于体前，另一手臂上举，进行有节奏的振压。然后交换腿继续进行。

【健身注意事项】在压腿过程中，开始进行有节奏的振压，一定拍数后，拉伸静止不动，如此反复；在压腿时，支撑腿的脚尖应始终向前。压腿时切忌用力过猛，要循序渐进。

（3）翻越肋木。

【健身目标】提高攀爬、翻越能力。

【健身方法】面对肋木，手脚并用依次或间隔肋木进行攀登，到达顶部后翻越肋木，在另一侧以同样的方法下肋木。

【健身注意事项】练习时先慢后快，全身要协调用力，同时要注意安全，有条件的最好在下面放置软垫。

（4）肋木悬垂举腿。

【健身目标】发展腰腹肌及上肢力量。

【健身方法】背对肋木，两手正握肋木（拳心向前），双脚离地，双脚并拢，收腹举腿。

【健身注意事项】初练者双脚举到水平位置即可，逐步提高难度，最后举过头顶，两脚触及到肋木即可；练习时，两腿尽量保持伸直，同时两手要握紧肋木，以防手滑。

（5）肋木负重深蹲。

【健身目标】发展下肢力量。

【健身方法】练习者面对肋木站立，双手握住肋木，令一人骑坐在其肩部，练习者做下蹲和起立动作或提踵动作。

【健身注意事项】练习者要根据自身情况选择负重大小，练习时要缓慢进行，上面的人也要手握肋木，保持身体平衡。

（6）爬垂直绳（竿）练习。

【健身目标】发展上肢力量及上下肢协调配合能力。

【健身方法】一臂伸直向上握绳（竿），另一臂弯曲握绳。

第一步，两腿弯曲，两脚和两腿夹绳（竿）；第二步，两脚和两腿伸直，同时两臂引体向上，另一手向上换握，如此反复进行攀升练习。

【健身注意事项】两腿要夹紧，上下肢协调用力，动作要一气呵成。经过练习力量增大后，可以尝试进行只用手的爬绳（竿）练习，即由直臂悬垂握绳（竿）开始，引体向上，两脚伸直，两手握绳（竿）交替向上换握，使身体逐步上升。

（7）倒立架推倒立（图 2–3）。

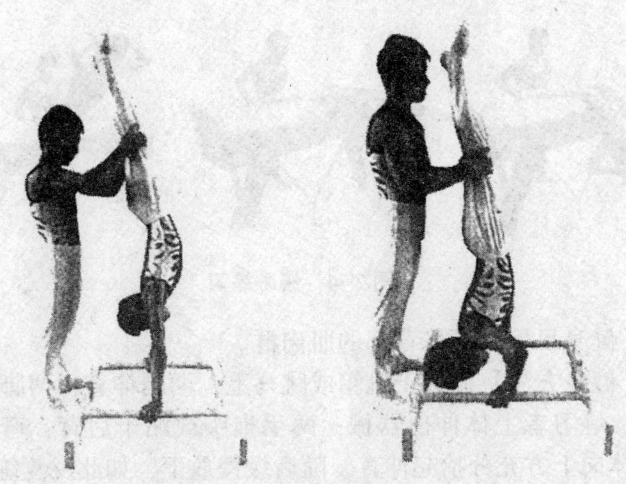

图 2–3　倒立架推倒立

【健身目标】发展肱三头肌、胸大肌、肩带及腰腹肌肉群的力量。

【健身方法】倒立架垂直靠墙放置，帮助者站立于倒立架上，练习者倒立后，由帮助者扶其双腿，练习者进行屈臂放下与推起动作的练习。

【健身注意事项】根据练习者能力大小决定每次练习的次数，一般每组 4~5 次，每次练习 4~5 组；要求二人有较好的配合，练习时注意安全。

4. 跳跃

跳跃包括一般跳跃和支撑跳跃，其特点是通过腿和手臂短促有力地作用于器械，使人体在短暂的腾空时间里做出各种不同形式的动作。跳跃练习可以发展下肢力量、弹跳力、上肢和肩部等力量及上下肢的协调配合能力，对培养练习者准确、灵活、果断、顽强的意志品质及超越障碍的实用技能有着积极的作用。

（1）俯卧练习（图 2–4）。

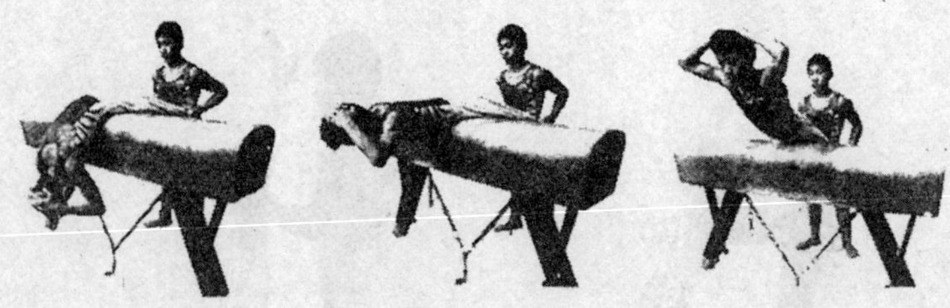

图 2–4 俯卧练习

【健身目标】锻炼背部的肌肉群。

【健身方法】俯卧于跳箱或跳马上，两腿伸直，两脚由同伴固定，练习者上体伸出器械，两手抱头或贴于后背；弯腰，然后上体向上方充分抬起伸直，随后缓慢放下，如此反复练习。

【健身注意事项】在练习中，同伴要固定好练习者，抬起放下的速度不要过快。根据自身的力量或不同的要求，在练习中可进行负重练习。

（2）跳上、跳下练习。

【健身目标】发展下肢力量，提高弹跳力，培养良好的意志品质。

【健身方法】正立（面对跳马站立），双手扶马跳上成跪撑（蹲撑、分腿立撑），然后挺身跳下。

【健身注意事项】练习中也可以直接跳到跳马（跳箱）上，然后采用多种动作跳下。器械高度要合适，同时落地要注意缓冲。

(3) 跳越练习（分腿腾越）（图2-5）。

图2-5　跳越练习

【健身目标】发展下肢力量，提高弹跳力，培养良好的意志品质。

【健身方法】跳起，双手撑马，两腿侧分，越过器械并腿落地。

【健身注意事项】器械高度要合适，先练习跳上成分腿立撑，熟悉后再进行练习。

5. 器械体操

(1) 双杠。双杠练习主要是在克服自身体重的情况下在杠上做支撑、悬垂、摆动、滚翻、回环等动力性和静力性的动作。通过该练习能有效地发展上肢、肩带等肌群的力量，同时由于双杠具有一定的高度，会给练习者造成一定的恐惧感，经常练习对培养练习者良好的意志品质有着积极的作用。

①支撑移动：

【健身目标】增强上肢及肩带肌肉的力量，提高支撑与控制身体的能力。

【健身方法】从杠端跳上成支撑，两手依次前移行进，至双杠的另一端跳下。

【健身注意事项】在练习中要重点体会左右倒肩移动重心的感觉。练习时，每次移动的距离应由小到大逐步增加，移动时两臂不能弯曲；当动作熟练后，可以做支撑向后移动或向前、向后的跳跃移动。

②屈臂撑（图 2–6）：

图 2–6　屈臂撑

【健身目标】增强肩带力量，主要是增强胸大肌、肱三头肌及背阔肌等肌群的力量。

【健身方法】静力屈臂撑：杠端或杠中跳上成支撑，屈臂落下，肩部低于肘部，然后两臂伸直，还原成直臂支撑。支撑摆动屈臂撑：支撑后摆至最高点，然后屈臂使身体落下（后落），前摆过杠下垂直面后，两臂随着身体的上摆而伸直（前起）。

【健身注意事项】在练习静力屈臂撑后，当具备一定的力量基础及摆动能力时，再尝试进行摆动屈臂撑练习，摆动屈臂撑应先练习后落前起的动作，逐步增加难度。

③支撑摆动（图 2–7）：

【健身目标】增强肩部肌肉力量，提高控制身体的能力。

【健身方法】杠中跳上成支撑，前摆时，直体自然下摆，摆过垂直部位后，向前上方摆腿；后摆时，当摆过握杠点垂线后加速向后上方摆腿。练习时应含胸顶肩、紧腰，后摆至最高处。

图 2-7 支撑摆动

【健身注意事项】练习该动作前一定要具备一定的支撑力量素质。在练习中，摆动的幅度要由小到大逐渐增加，切记不可开始就进行大幅度的练习。

④前、后摆下：

【健身目标】增强上肢、肩带、腰腹的力量。

【健身方法】由支撑后摆开始，当身体摆过垂直面后，两腿加速向前上方摆起，并主动屈髋，重心顺势右移；到最高点时，立即制动双腿并向前下方伸髋展体，同时两臂用力顶肩、推杠，左手换至右杠，挺身落下。相反方向的动作为后摆下。

【健身注意事项】练习者要有较好的支撑摆动的基础才能练习前、后摆下。摆动高度可逐步增加，空中展体、挺身要及时，落地要注意缓冲。

⑤分腿坐前进（图 2-8）：

图 2-8　分腿坐前进

【健身目标】发展上肢、腰腹肌肉群的力量及身体协调配合的能力。

【健身方法】杠端跳上成分腿坐，上体挺身前移，两臂侧举至体前稍远处撑杠，同时两腿伸直，压杠后摆，并腿进杠，接着支撑前摆，成分腿坐。

【健身注意事项】前摆分腿时两腿要尽量靠近双手，前移时要挺身，两腿下压，后摆进杠时，两腿要伸直。

⑥外侧坐——转体 180°成分腿坐（图 2-9）：

图 2-9　外侧坐

【健身目标】提高练习者的平衡能力、身体的灵活性及控制身体的能力。

【健身方法】由外侧坐开始（以向左转为例），右腿伸直压杠，上体左倾，右臂上举，身体左转，右手撑左杠，同时右腿越过两杠成分腿骑坐，然后左手换撑另一杠，最后两手依次体即撑杠成分腿坐。

【健身注意事项】在练习时，右腿摆越的同时，臀部要上提，离开杠面，同时身体要向后侧倾，左臂直臂撑杠。

⑦分腿坐前滚翻成分腿坐（图 2-10）：

【健身目标】有利于增强上肢及腰腹的力量，通过身体沿横轴的翻转，提高身体的空间定向能力及平衡能力。

图 2-10　分腿坐前滚翻成分腿坐

【健身方法】由分腿坐开始，两手体前握杠（尽量靠近大腿），屈臂、低头、含胸、提臀，上体前翻，当肩部触杠时两肘外展，屈体并腿支撑，重心过垂直面后，两手迅速向前换握杠，两腿分开下压，两臂用力压杠顺势成分腿坐。

【健身注意事项】上体前倒时要低头含胸，两肘要外展，以防漏杠。在初期练习时，两腿可以始终分开，熟练后，动作中间要有并腿的动作。

⑧分腿坐慢起成肩倒立（图 2-11）：

【健身目标】增强上肢及腰腹的力量，提高人体平衡能力及定向能力，倒立后，人体血液重新分配，有利于心血管系统的健康。

【健身方法】由分腿坐开始，两手靠近大腿握杠，上体前倒，收腹、屈臂、提臀，两肩在手前顶杠，两肘外展，当臀部提至垂直部位时，伸髋、并腿，成肩倒立。

图 2-11　分腿坐慢起成肩倒立

【健身注意事项】在双杠上反复练习分腿坐屈臂、收腹、提臀的动作，初次练习时，最好有同伴进行保护与帮助。

⑨后翻成吊臂悬垂及还原（图 2-12）：

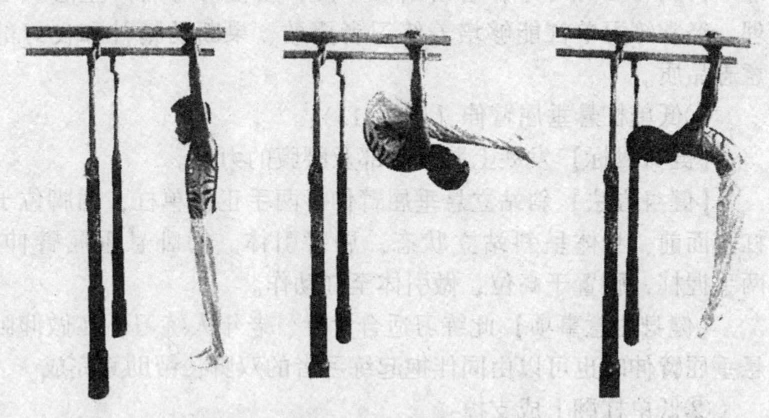

图 2-12　后翻成吊臂悬垂及还原

【健身目标】增强腰腹肌肉群的力量，通过练习能够提高肩带力量和肩关节的柔韧性。

【健身方法】站立于杠端，两手外握双杠两端悬垂，举腿后翻，经团身（或屈体）成吊臂悬垂，然后还原。

【健身注意事项】在后翻成吊臂下放时动作一定要缓慢，避免由于动作速度快而拉伤肩关节。初练时，可以只做前半段，也就是成吊臂后就跳下。如果身体力量较好者，可以尝试以直体的方式进行该动作的练习。为了增加动作难度，可以在脚踝上负重物进行练习。

（2）单杠。单杠动作主要是以杠为轴，依靠身体多个部位的协调配合，在悬垂和摆动中完成悬垂、回环、转体、摆动类等动作。经常练习能有效地锻炼人体上肢、肩带、腰腹肌肉群的力量，同时能够很好地发展各关节的柔韧性、身体的灵活性及协调性。通过练习，对练习者的生活、生存技能的形成与提高有着极为明显的促进作用。通过回环动作的练习，能够提高练习者前庭分析器的功能，提高对身体的控制能力及空间的感知能力。单杠是一根杠面，支撑面窄，练习时容易失去平衡而掉下，同时在练习中，容易磨破手皮，会使练习者产生恐惧心理。经常练习单杠能够培养练习者勇敢、果断的精神和良好的意志品质。

①低单杠悬垂屈臂伸（图 2-13）：

【健身目标】发展上肢、胸部及腰腹的力量。

【健身方法】斜站立悬垂屈臂伸：两手正握单杠，两脚位于杠垂面前，身体呈斜站立状态，屈臂引体。仰卧悬垂屈臂伸：两手握杠，脚置于高位，做引体至杠动作。

【健身注意事项】此练习适合女性、老年人练习，在做仰卧悬垂屈臂伸时也可以由同伴抱起练习者的双脚，帮助其完成。

②低单杠翻上成支撑：

【健身目标】发展上肢及腰腹力量，提高练习者身体的控制能力及空间感知能力。

【健身方法】面对单杠站立，双手握杠，一脚上步蹬地，另一腿向后上方摆起，同时屈臂引体，使腹部靠杠，并腿后伸，当双腿翻至水平部位时，转腕、抬头挺身，展髋成直臂支撑。

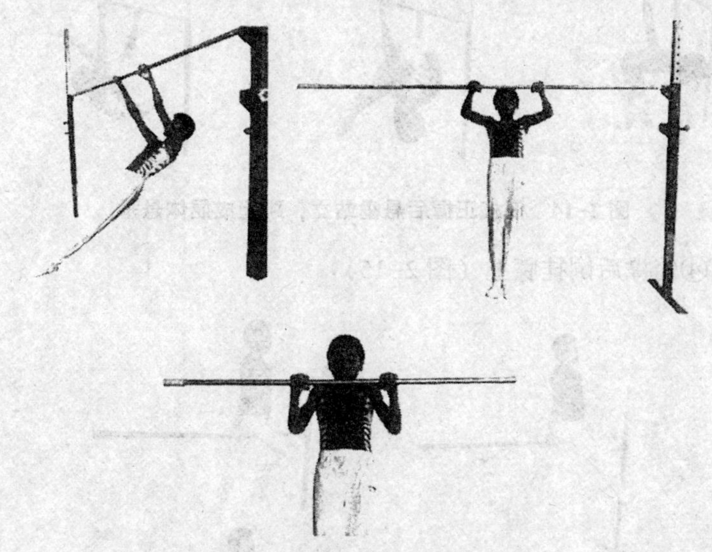

图 2-13 低单杠悬垂屈臂伸

【健身注意事项】在练习中抬头挺身不能过早，一定要紧握两杠，不要松手。同时在练习过程中，当完成一半动作时，不能依靠抬头挺身来试图完成该动作。在前翻下练习中，初练者最好在前翻时收腹团身，下落时动作一定要缓慢，以免由于速度快而导致碰击到单杠。

③低杠正握后悬垂站立，跳起成屈体悬垂（图 2-14）：

【健身目标】发展上肢、肩带、腰腹部的肌肉力量，同时能够提高练习者空中定向能力。

【健身方法】两手体后握杠，两腿屈膝半蹲，两脚蹬地跳起，同时含胸、低头、提臀、收腹，当臀部位于杠下垂直部位后，两臂夹紧大腿，成屈体悬垂。

【健身注意事项】起跳时不能屈臂，同时用力不要过猛，两脚在杠下垂面稍后的地方站立，不能站立得过于靠后。

图 2-14　低杠正握后悬垂站立，跳起成屈体悬垂

④骑撑后倒挂膝上（图 2-15）：

图 2-15　骑撑后倒挂膝上

【健身目标】增强上肢、腰腹肌肉的力量，发展身体的协调配合能力，培养练习者吃苦耐劳的精神。

【健身方法】由骑撑开始（右腿在前为例），重心后移，左腿向后下方伸，右腿后移，屈膝挂杠，后倒成挂膝，悬垂前摆，左腿顺势向前上方伸腿送髋，然后回摆。当臀部过杠下垂直部位时，左腿顺势加速后摆，同时直臂压杠，右腿前伸成骑撑。

【健身注意事项】开始练习时多做挂膝的摆动练习，在此过程中，容易磨伤膝关节后面的部位，建议初练者佩戴护膝或在杠上加海绵垫。身体前摆时，左腿一定要控制好方向，该动作的关键在于左腿摆动的方向和速度，要充分利用摆动。当呈骑撑动作时，右腿要及时前伸来保持身体的平衡。

⑤挂膝后回环：

【健身目标】增强人体空中的定向、控制能力以及平衡能力，能够培养练习者的勇气，增强其自信心。

【健身方法】由骑撑正握开始（右腿在前为例），前半部分与后倒挂膝上动作技术一样，当回环至杠水平面时，左腿用力向后伸，同时抬头挺胸、立腰翻腕，成挂膝悬垂，接着做挂膝上成骑撑。

【健身注意事项】后倒时，身体尽量远离单杠。由于该动作需要一定的转速，所以在练习中两手要握紧。初练时最好有老师或同伴的帮助。

⑥挂膝后回环：骑撑后向前摆越，同时转体 180° 成支撑（图 2-16）：

图 2-16　挂膝后回环

【健身目标】提高练习者对身体平衡的控制能力。

【健身方法】由右腿在前骑撑开始，右手反握单杠，左臂上举，身体重心移至右臂上；上体向后侧倒、挺身，以右臂为轴，带动上体向右转体 180°，左手及时握杠，右腿向左腿并拢成支撑。

【健身注意事项】练习时，上体要与杠面保持一定的倾斜角度，这样能更好地控制身体平衡；在练习中容易失去平衡而掉下单杠，所以在练习中要握紧单杠。

⑦高单杠引体向上：

【健身目标】发展上肢、肩带、腹背部肌肉群的力量，尤其对胸大肌、背阔肌及斜方肌有更好的效果，是提高练习者生存技能的一种简单实用的健身方法。

【健身方法】由高单杠正握悬垂开始，两臂同时用力屈臂引体，上拉至下颚过横杠后落下。身体保持不动，如此反复进行练习。

【健身注意事项】上拉时，下颚要过杠面，落下时两臂要伸直。初练者可进行双手反握的练习，同时为了减小难度，在落下时两臂可以微屈，不要完全伸直。由于要克服自身的体重，加之此练习在高杠上进行，故在练习中两手要握紧单杠。根据自身条件，逐步增加练习的次数及组数。

熟悉掌握该动作后，在该动作的基础上加大难度，可以做宽握的引体向上和颈后宽握引体向上，也可以做高单杠慢翻上的练习。

⑧高单杠悬垂举腿：

【健身目标】发展腹部肌肉群的力量。

【健身方法】由正握悬垂开始，两腿并拢，收腹举腿至脚靠近单杠，然后还原成直体悬垂姿势，如此反复练习。

【健身注意事项】收腹举腿时速度尽量要快，落下时要缓慢。初练者举腿高度可适当降低，可以做收腹举腿团身的练习，熟悉动作及有一定的腹肌力量后，可增加动作的难度，由正握悬垂后两腿伸直与上体呈垂直的姿势开始，慢慢收腹向上举腿至脚靠近单杠，稍微停留 2~3 秒，两腿慢慢落下成预备姿势，如此反复练习。该动作也可在肋木、吊环上进行。

⑨高单杠悬垂摆动（图 2-17）：

【健身目标】发展上肢、肩带、腹背部的肌肉群力量，提高身体的协调性。

【健身方法】由悬垂起摆开始，向前摆动，接近垂直面时，应沉肩、稍屈髋，当摆过杠下垂直面后，两腿迅速向后上方摆，接近最高点时，两臂压杠，向前转腕。开始前摆时含胸顶肩，身体伸直，接近杠下垂直面时，稍展髋，摆过杠下垂直面后，迅速向前上方宽腿、扣腕，使整个身体摆至最高点，如此反复。

图 2-17　高单杠悬垂摆动

【健身注意事项】开始练习时，摆动幅度要小，熟练后，逐步加大摆动的幅度；在每次后摆接近最高点时一定要向前转腕一次，否则就很容易脱手，同时在练习中容易磨破手掌皮肤，根据实际情况适当控制练习的数量和间隔的时间；当要跳下时，切记要在身体后摆到最高点后，开始下落的时候，才能放手。同时，在练习过程中，地面上最好铺有海绵垫。

（3）高低杠。高低杠是女子竞技体操中的一个比赛项目，该项目有一个很实用也很有新意的练习方法，即收腹举腿绕环练习（图 2-18）。

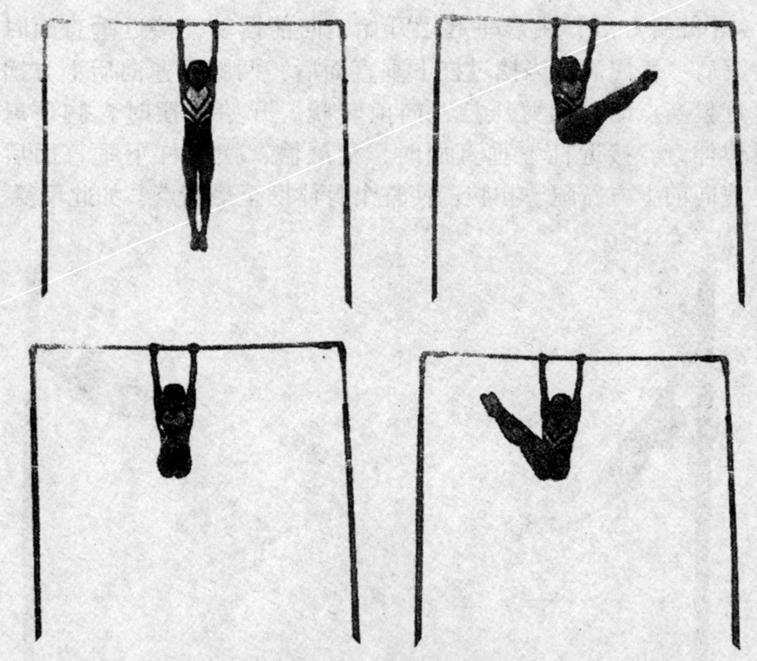

图 2-18　收腹举腿绕环练习

【健身目标】发展上肢、肩带及腰腹肌肉的力量。

【健身方法】正握悬垂高杠（面对低杠），从左（或右）侧约 45°做并腿收腹举腿，从低杠上面绕过，从另一侧放下，如此反复，形成一个腰部的绕环动作。

【健身注意事项】能力稍差者，开始练习时可以屈膝进行练习；该动作也可以从左（或右）到右（或左）练习，然后原路返回。

(4) 鞍马。鞍马在体操比赛中是男子项目，该项目需要的支撑力量相对较高，因此日常健身中涉及的动作较少，下面介绍几个利用鞍马进行简单身体健身的动作。

①伸展练习：

【健身目标】提高胸部、腰部、肩部向后伸展的幅度。

【健身方法】后正立（背对鞍马站立），两手握环，身体后躺，向后伸展胸、腰部。

【健身注意事项】向后伸展的幅度不要过大，速度不能过猛，要缓慢地进行。

②支撑举腿中穿练习（图 2-19)：

【健身目标】发展肩带、腰腹力量以及上肢等肌肉的耐力。

【健身方法】环上正撑，顶肩、含胸、收腹、提臀，从两环中间举腿越过，展体成仰撑，以同样的方法返回。

【健身注意事项】成仰撑时不能坐在鞍马上，练习中动作要连贯。能力强者可以在前摆到前面时，两腿举腿高于鞍马水平面。

图 2-19　支撑举腿中穿练习

(5) 吊环。吊环主要是以摆动和静止动作为主，是体现男子运动员力量的项目，由于吊环的两根绳子是活动的而且是软性的，因而在练习中要具有精确的控制能力。

①低环练习：

【健身目标】发展肩带力量和腰部的灵活性。

【健身方法】两臂从环中穿过，握环夹肘，下肢做圆锥形的旋转。

【健身注意事项】坏的高度不宜超过肩，旋转时两腿并拢。

②高环悬垂慢拉上：

【健身目标】发展肩带、上肢肌肉的力量，提高练习者肩部的灵活性。

【健身方法】深握吊环，静止悬垂，屈臂引体，两环经胸前至体侧（腋下），然后转环立腕，两臂伸直成支撑。

【健身注意事项】练习中两肘要内夹，紧靠身体，成支撑时两臂要伸直同时要紧靠身体两侧，不要让环前后晃动。

③悬垂摆动（图 2–20）：

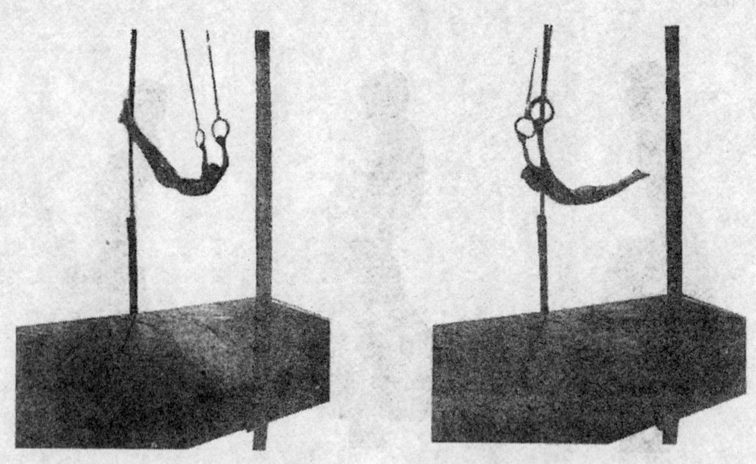

图 2–20 悬垂摆动

【健身目标】发展肩带、上肢肌肉的力量，提高悬吊的能力。

【健身方法】深握吊环悬垂，身体开始前后摆动，前摆时向后引环，后摆时向前顶肩推环，注意后摆时向后摆腿要快速有力。

【健身注意事项】在摆动过程中，身体伸直并且要保持一定的紧张度，两臂不能出现弯曲现象；练习中根据自身情况，摆动幅度由小到大，逐步增加；当要跳下时，切记要在身体后摆到最高点后，开始下落的时候，才能放手。在悬垂时可以做收腹举腿的动作，也可进行下肢顺时针或逆时针圆锥运动的练习。

（6）平衡木。平衡木是竞技体操中女子特有的项目，是一项典型的平衡运动。平衡木支撑面积小，身体重心和支撑点在不断变化，要求练习者具备较强的平衡能力。可以根据各自不同的技术水平在上面完成各种走、跑、跳、转体、波浪、平衡动作。通过平衡木的练习主要是改善平衡器官的机能，提高动作的准确性和稳定性。在平衡木上做一些走、跑练习和游戏是青少年较为喜欢的内容之一。

①前进走和后退走：

【健身目标】提高练习者的平衡能力，克服高度带来的恐惧感。

【健身方法】两手叉腰或者侧举，向前（向后）行进。

【健身注意事项】练习中两眼平视前方，用余光注意脚下的平衡木，两臂可以上下调整身体平衡。身体要保持正直，同时要有一定的紧张度，速度由慢到快，向后走的动作一定要缓慢，或者在同伴的指挥下进行练习。在此基础上可以在头顶放置一个物品，要求在走的过程中，物品不能掉下，也可以以游戏的方式进行。

②前进跑和后退跑：

【健身目标】提高练习者的平衡能力，克服高度带来的恐惧感。

【健身方法】该动作和走的技术一样，在熟练掌握了前进走和后退走的动作后，逐步由走变为跑。

【健身注意事项】在练习跑动时步幅不宜过大，跑动时两眼要平视前方。

③原地小跳：

【健身目标】提高练习者的平衡能力，克服高度带来的恐惧感。

【健身方法】两脚前后站立于平衡木上，脚尖稍外展，两臂侧举。半蹲后，两臂经后方向上摆动，同时两腿向上跳起，接着落木成半蹲。

【健身注意事项】跳起到空中时，两腿要伸直，落木时两臂侧举维持平衡。平衡木下最好放置海绵包或有同伴保护。

④倒挂爬行（图 2-21）：

图 2-21　倒挂爬行

【健身目标】发展练习者上肢、下肢的力量，提高攀爬的能力。

【健身方法】两臂抱住平衡木，同时两腿夹木，两臂和两腿及腰腹协调配合，交替进行，在平衡木下倒挂行进。

【健身注意事项】此练习对力量和协调配合的要求相对较高，练习最好在保护下进行。

三、舞蹈类项目

（一）舞蹈类项目健身原理

舞蹈类健身项目主要是指将舞蹈、音乐、体操融合到一起的，以追求人体健康与美为目的的一种群众性舞蹈活动，它是既有舞蹈的元素，又结合体操的内容，在音乐的伴奏下进行身体锻炼的运动项目。

舞蹈健身项目于20世纪逐渐兴起，它的兴起源于当代各阶层群体自我保健意识的增强；源于人们思想观念的解放和人们个性张扬与宣泄情感的心理需要；源于人们对健康、运动、舞蹈艺术的进一步认识与追求。舞蹈健身项目的兴起给人们的闲暇时间提供了新的运动方式。

舞蹈是人类最早的一种艺术表现形式之一，它不仅可以表达思想、抒发情感，同时也是一种运动形式。通过舞蹈类健身项目进行健身，可以矫正人们不良的姿势，不佳的体形，不正常的呼吸运动；通过舞蹈的有氧代谢运动，能有效增强心肺功能，提高新陈代谢水平，调节大脑皮质、中枢神经系统和自主神经的功能，在神经系统紊乱、失调时起到平衡调节的作用，有利于放松和缓解人们的生活和精神压力。

（二）舞蹈类健身项目的健身特点与价值

舞蹈健身项目由于其广阔的地域性、悠久的历史传承性、丰富的民族性等因素使其健身价值也具有多元性和丰富性等特点，舞蹈健身项目也因此受到广大民众的青睐。

1. 舞蹈类健身项目的特点

（1）健身性。舞蹈健身动作内容比较简单，运动强度一般由低到高再恢复到运动前水平，运动时间一般都在20分钟以上，属于有氧运动。有氧运动非常有益于机体心肺功能和肌肉力量的逐步增强。通过进行长时间韵律性的舞蹈动作练习，不仅能使心肺功能增强，还能锻炼全身肌肉群；不仅可以让自己拥有骄人的身材，还可以使自己心情舒畅。

（2）娱乐性。舞蹈健身项目是以锻炼身体和娱乐身心为目的的、非专业性的舞蹈表演活动。音乐是舞蹈类项目的灵魂，可以使练习者在锻炼中更加愉快，更有兴趣和激情，从而达到忘我的境界。根据不同风格的音乐编排不同类型的舞蹈动作，使整个动作简单、轻快、富有美感，可以提高练习者的表现力，提高练习者的音乐素养，培养良好气质，塑造健美的体型，同时愉悦身心。舞蹈健身项目无论是练习还是表演都颇具观赏性。

（3）科学性。舞蹈健身项目中每个动作的设计和成套动作的编排都是严格按照人体解剖的部位，有序、有针对性地进行设计和编排的。舞蹈健身项目的运动强度不大，持续时间相对较长，可以使身体各器官功能得到改善，增强体质，从而有针对性地去脂减肥，矫正体形，使身体协调、匀称、优美。

（4）大众性。舞蹈健身项目运动量比较适中，动作难度要求也不高，对练习者的身体条件没有硬性要求，不论男女老幼，都可以根据自己的能力、爱好和身体情况选择不同类型的舞蹈健身项目进行练习。同时，舞蹈健身项目在场地、时间的选择上也不受限制，练习者可以在统一的时间内练习，也可以分散练习，不同的练习者可以在不同的时间、地点选择适宜的内容进行练习。

（5）多样性。舞蹈健身项目的动作内容和练习形式非常丰富，有徒手的健身舞蹈，也有器械类的健身舞蹈；有古典健身舞蹈，也有现代健身舞蹈；有单人舞蹈，也有多人和集体练习的舞蹈，可谓内容丰富、形式多样。

2. 舞蹈类健身项目健身价值

（1）增强体质，全面发展身体素质。通过舞蹈健身项目的练习，能够增强人体各部分关节的灵活性、灵敏性，使人体肌肉的力量、耐力，身体的平衡、协调能力和灵敏性得到锻炼和提高，同时练习者的消化系统、心肺功能和神经系统也能得到锻炼，达到全面锻炼、提高身体素质、增强体质的效果。

(2) 改善体形，培养正确体态。坚持舞蹈健身锻炼对于减少腰部和腹部的脂肪、塑造良好体形都有明显的作用。通过健身舞蹈的训练，可使人体外形更加匀称，体态更加优美。在健身舞蹈当中，动作整齐而有韵律感，其优美的舞姿、动人的旋律，对人们高雅气质的形成有着重要作用。

(3) 促进心理健康和智力发展。舞蹈健身项目中，悠扬的音乐使人心情愉悦，能产生愉快的情绪，心理状态得到调节。健美的舞姿、高雅的气质可增强人们的自信。通过舞蹈健身锻炼，有助于拓宽人际交往范围，加强感情交流，使人心情舒畅，增强自信心，引导人们积极向上。

通过舞蹈健身锻炼，能提高人体大脑的调节功能，加快人体神经系统疲劳的消除，使大脑中释放的化学物质积极参与到代谢当中，起到提高大脑理解能力、思维能力和记忆能力的作用，从而促进个体智力的发展。

(4) 培养审美意识，提高审美能力。舞蹈健身项目动作简单优美，再配以音乐，更富有韵律性，无论是对于练习者还是旁观者都是一种美的享受。通过练习舞蹈可以提高练习者对形体美、音乐美、运动美的理解和表现能力，能培养其形成健美的形体、高雅的气质和端庄的仪表，使其形成正确的审美意识，提高其审美能力。

(三) 舞蹈类健身项目的类别

根据练习形式可以分为徒手类健身舞蹈和持器械类健身舞蹈。

徒手类健身舞蹈包括大众健身操、广场舞、健身秧歌、体育舞蹈（交谊舞）、排舞和校园集体舞等。

持器械类健身舞蹈包括健身球操、扇子健身舞、纱巾健身舞和手绢健身舞等。持器械健身舞蹈经常出现在广场舞蹈中，是广场舞的一种表现形式。

下面就常见的几种舞蹈健身项目做一简单介绍。

1. 大众健身操

此运动项目涉及全身多个关节，练习者进行有节奏的、循序渐进的有氧运动，可燃烧大量的脂肪，提高参与者的心肺功能。患有心血管疾病、高血压、糖尿病等的患者不宜选择此项运动。

2. 健身球操

健身球最早在瑞士只作为康复医疗的设备，现在不仅作为一种理疗手段，也成为了新兴的健身运动。健身球操适合所有需要康复治疗的人，不仅健身效果良好，对脊柱和骨盆的锻炼更有益处。健身球操有很好的损伤恢复和康复功能（对腰背疾病疗效显著）。此项目比较安全，不容易出现损伤，还可以提高练习者柔韧素质、力量素质、平衡能力及心肺功能。

3. 体育舞蹈（交谊舞）

体育舞蹈在健身活动中常称作交谊舞，在国内开展得非常红火，从青少年到中老年都非常喜欢。摩登舞是一种优雅端庄的舞蹈，深受中老年人的喜爱；拉丁舞则是一种奔放、个性张扬的舞蹈，深受年轻人的喜爱。

4. 广场舞

广场舞将自娱性与表演性融为一体，是把热情欢快的表演内容以集体形式进行表演的舞蹈健身项目，是以娱乐身心和锻炼身体为目的的非专业性的舞蹈表演活动。广场舞来自民间，运用了各个舞种（健美操、秧歌、民族舞、拉丁舞等）的技巧，创编出了简单轻快、富有美感的动作。广场舞的运动量比较适中，动作难度不高，娱乐性较强，群体表演时颇具观赏性。广场舞的参与者多为中老年人，其中又以妇女居多。

5. 排舞

排舞是一种练习者排成一排或多排跳的舞蹈，源于 20 世纪 70 年代的美国西部乡村，练习者以弹奏吉他或拍手的方式起舞，后来出现了欧洲宫廷式和拉丁式的舞步，更融合了很多恰恰恰、伦巴、曼波、牛仔和摇滚等舞步。排舞在多元素组合与变换之下增添了吸引人的魅力。

排舞的每一首曲子可由 32 拍、48 拍、64 拍等不同的循环节奏组成，每首曲子的舞步随着特定的循环节奏而重复。排舞的每一支舞曲都有自己独一无二的舞蹈动作，同一支舞曲，全世界的跳法都一样。所以，排舞的舞者可以在世界各地享受以舞会友的乐趣。排舞的舞步简单易学，可单人跳，也可集体共舞，受到各年龄层次健身者的欢迎，是老少皆宜的健身舞蹈。

6. 校园集体舞

为了提高中小学生的身体素质，增加学生锻炼的内容，教育部组织专家创编出了全国中小学校园集体舞，在全国中小学全面推广。校园集体舞包含了很多不同套路的动作，每套动作配有不同的音乐旋律和主题，每套舞蹈 4~5 分钟。

与课间操相比，校园集体舞无论是内容还是形式都很丰富，通过接触舞曲音乐和舞步能提高学生的艺术鉴赏能力，达到锻炼身体的目的。如今学生背负着沉重的学习压力，身体素质每况愈下，让学生学习一下舞蹈，不仅能舒缓紧张的学习氛围，放松紧绷的神经，还可以锻炼身体，提高身体素质。

7. 健身秧歌

健身秧歌是中华民族文化宝库中的一朵奇葩。在跳秧歌的同时伴随着动听的鼓乐，可以调节人的情绪，陶冶情操，使人的身心得到放松。

目前国家推广的健身秧歌规定套路有 5 套，第一套健身秧歌节奏舒缓，难度小，手部动作多，运动量不大，运动强度适合中老年人群，非常受欢迎。第二套健身秧歌以漂亮的手绢花为道具，脚踩各派秧歌步，在鼓点、唢呐等民乐的旋律中扭跳，动作选定符合人体各部位的需求，强度在有氧运动范围内，更加符合科学健身理念的要求。第三套以南方秧歌语汇为主，以云南花灯的舞蹈语汇为主要创作源。第四套健身秧歌为鲁南秧歌，是一种独具鲁南地方特色的舞蹈形式，它以山东大汉特有的粗犷、威严融合了山东妇女的泼辣、柔美，形成了一种刚柔相济、细腻奔放的艺术风格。第五套健身秧歌是国家体育总局最新推广的一套健身秧歌，其特点是在突出健身功效的同时，更加注重其观赏性、娱乐性和时尚性，动作简单易学，是一套与现代人审美取向同步的全新秧歌。

（四）舞蹈类健身项目注意事项

1. 了解每个舞种的特点

练习者要了解每个舞种的特点和风格，根据自己的爱好和身体状况选择适合自己的舞蹈。

2. 准备活动要充分

人体在运动过程中，要承受一定的运动负荷，充分的热身有助于机体适应较为剧烈的运动。因此，跳舞前一定要做好热身活动，避免受伤。

3. 运动时间要适当

舞蹈锻炼者身体机能状况不一，因而对于舞蹈锻炼的时间、密度、负荷等也不尽相同。练习者应该根据自身的情况，控制好运动时间，时间过短未能发挥出锻炼的效果，时间过长易导致疲劳。一般来说，舞蹈练习每天进行1~2小时为宜。

4. 舞蹈运动要达到适宜的运动量

舒缓轻松的舞蹈和节奏激烈的舞蹈，其运动量迥然不同，因此选择舞蹈形式要因人而异，须考虑不同年龄、不同身体状况选择所适宜的运动量，尤其是老年朋友，动作幅度不宜过大。

5. 注意场地和服装的选择

练习时应选择平整防滑的场地，随温度调整着衣的厚薄，衣服宜棉质、宽松，利于活动，最好选择一双专业舞蹈鞋或松软一点的散步鞋，老年朋友不要穿高跟鞋练舞，以防扭伤或骨折。

第二节 时尚类健身项目指导

一、时尚类项目起源与概念

（一）时尚类项目起源

作为体育健身的重要组成部分，时尚健身项目是随着社会的发展而逐渐形成和发展起来的。人类最早在原始时代是把走、跑、跳、投、攀、爬等作为最基本的生产劳动和日常生活的技能、本领传授给下一代，在随后的历史发展过程中，一些运动与文娱活动融为一体，在养生保健的同时又体现了有趣的一面，使其成为古代体育活动的重要形式，这可视为时尚健身项目的雏形。

20世纪70年代，一些新兴运动项目，如沙滩排球、飞镖、有氧操、攀岩、定向运动、野外生存、街舞、轮滑、太极禅、瑜伽、有氧舞蹈等，使参与者在运动的同时改善了身体状况，愉悦了身心。

由此可见，时尚健身项目正是在体育健身不断地演绎和派生当中发展和完善的。时尚健身项目的锻炼形式和内容不断更新，一些项目极具特色，带给人们新奇感、轻松感，逐渐引起人们的关注，参与其中能尽情地享受快乐。时尚健身项目带有强烈的社会性，和人们的社会生活密切结合，练习者通过健身可以提高身体素质，塑造优美的形体。

（二）时尚类项目概念

随着全民健身运动的开展，以健身、健智、娱乐、休闲、表演为目的的体育项目层出不穷，并冠以“时尚体育”之称，成为大众健身项目的重要组成部分。

2003年，国家体育总局社会体育指导中心在海口举办的时尚运动与全民健身研讨会上，将时尚体育定义为：“时尚体育是经过一段时间的凝固，被人们普遍采用、最为流行的，以健身、健心、健智、娱乐、休闲、社交为目的的社会体育项目。”

近年来，在体育健身的领域里出现了许多适合青年人的新兴体育运动项目，这些相关概念范畴的项目统称为时尚类健身项目。

从广义上来讲，时尚类健身项目具有与时俱进的特点，以增进大众健康、陶冶大众情操、提高大众生活质量为目的的新兴体育项目。

从狭义上来讲，时尚类健身项目是通过徒手或利用各种器械，运用科学的方法进行锻炼，以增进健康、塑造形体、陶冶情操为目的的流行健身项目。

二、时尚类项目的发展

（一）国外时尚类项目的发展

时尚类健身项目源自大众健身，在其发展的过程中，以倡导和推动社会体育活动发展为宗旨，从而形成了内容丰富、类型各异的健身方式。时尚类健身项目在美国、法国等西方国家起步较早，发展速度也较快。

美国是现代健美操十分盛行的国家，1968 年美国太空总署的医生库帕博士为太空人设计了一些体能训练动作内容，这些动作被后人加上音乐，就形成了独特的健身运动，并很快风靡世界，成为最早出现在世人眼中的时尚健身项目之一。

20 世纪 80 年代初期，欧洲一些国家提出“回归大自然”的口号，于是登山、冲浪、滑翔伞、郊游等户外运动成为人们热衷的时尚健身方式，通过这些户外运动，既可以增强体质，磨炼意志品质，还可以陶冶情操，培养保护生态环境的意识。目前，许多家庭利用节假日参与到如骑自行车、掷飞盘等在内的多种户外运动中《据美国健身委员会的调查显示，全家参与户外活动已经成为美国家长培养孩子积极生活观念的最时尚、最普遍的方式。

20 世纪 90 年代，在日渐增长的生活压力下，提倡舒缓压力、身心放松的瑜伽、普拉提成为人们最受欢迎的运动项目。1998年，素有当代“瑜伽之母”之称的张蕙兰及她的瑜伽电视系列节目通过PBS电视网在全美播出，掀起了美国现代瑜伽热潮，并迅速风靡全世界。几十个国家的数百万人跟随张蕙兰的瑜伽电视系列节目、DVD、音乐CD和书籍进行瑜伽的练习，这使她成为当今最有名的瑜伽教师之一。

进入21世纪，在现代信息社会快速发展的时代，时尚类健身项目更凸显出自己独有的特性，呈现出健身方式多样、新潮，运动越来越科学、健康指导越来越专业的一面。2002年之后，平衡锻炼受到重视，锻炼平衡能力的健身项目层出不穷，包括印度瑜伽、中国太极在内的锻炼项目，以及需要使用器械的滚轴、滑板等，在国外各年龄层中受到追捧。

经历了近半个世纪的发展，国外的时尚健身领域已建立起规范的职业化体系，随着世界性的国际健身产业的发展，美国、巴西、俄罗斯、法国等很多国家在举办的体育博览会上，众多企业对流行健身课程的演示投入了相当大的资金，希望凭借举办健身大会来推广自己的产品和自身的知名度。在这些定期举行并具有一定影响力的国际健身大会上，来自全世界顶尖的专业人士以及世界各地的健身教练在最新的健身培训课程中，交流着最新的健身、健康知识，感受着国际最新健身方法带来的全新体验。

（二）国内时尚类项目的发展

20世纪80年代，大众健身项目有了较快的发展，迪斯科健身舞、呼啦圈健身操成为较流行的健身方式，外来文化对中国健身项目的发展起到了不可小觑的推动作用。这一时期，街舞成为一种新兴运动并迅速进入了各大城市的健身中心，作为一种健康的时尚运动项目走入了人们的生活。

20世纪90年代，随着全民健身计划的实施，体育运动逐渐成为现代人重要的生活方式，有氧健身操等成为当时人们主要的锻炼方式。

2008年，北京奥运的成功举办，使中国人更加热衷于追求健康、参与锻炼、享受生活，时尚健身就成为大众健身中重要的选择。国际上流行的健身项目，从跆拳道、搏击操、肚皮舞、高温瑜伽、有氧舞蹈到动感单车、水中健身操等，在中国市场上不断涌现。与此同时，一些新兴体育项目也层出不穷，如攀岩、马术、蹦极、保龄球、滑板、高尔夫球等运动，更是受到年轻人的青睐。

随着我国健身文化的发展和休闲时代的到来，时尚健身为现代体育开辟了一个崭新的领域。从人们对于健身娱乐的消费趋势上来看，人们健康的需求也正逐步从被动的治疗型向主动的预防保健型转换，这也预示着未来的健身市场必然向科学健身、内容丰富、形式多样的方向发展。

第三节　时尚类健身项目介绍

一、有氧类项目

（一）有氧类项目概念与健身原理

1. 有氧类项目概念

有氧类项目是指在整个健身运动中通过人体有氧代谢的方式，合成和提供能量的运动，统称为有氧运动。

2. 有氧类项目健身原理

人的一切活动都需要能量。人体有三大供能系统，ATP-磷酸原供能系统、糖酵解供能系统、有氧氧化供能系统。

（1）磷酸原系统。磷酸原系统是由ATP和CP组成的供能系统。它的特点是能量少，持续时间短，但功率输出最快，不需要氧气，不产生乳酸等物质。因此，竞技体育里的短跑、跳跃等主要是依靠此系统提供能量的。

（2）糖酵解系统。糖酵解系统是指人体内的糖原在人体摄取氧分不足或是无氧情况下分解生成ATP和乳酸的一种供能方式。由于这种供能方式会产生大量的乳酸，故称糖酵解系统。糖酵解系统的特点是：比磷酸原系统能量供应多，同样不需要氧气，产生大量乳酸，可导致机体疲劳。因此，很多高强度的竞技体育训练（400米跑、800米跑）是依靠此系统提供能量的。

（3）有氧代谢系统。有氧代谢系统是指糖、脂肪和蛋白质在人体摄取氧分非常充足的情况下，彻底氧化成水和二氧化碳并生成ATP的一种供能系统。其特点是ATP生成总量很大，但速率很慢，需要氧的参与，不产生乳酸。因此，很多有氧类运动项目都需要有氧代谢系统提供能量。

3. 有氧类项目健身的功效

有氧运动方式是大众健身的主要运动方式，它的健身功效也越来越受到广大健身爱好者和科研工作者的一致认可，并且研究和总结出了有氧运动带给人体的诸多益处。

（1）提高锻炼者的心肺功能。有氧运动可以增强人体心肺耐力。在运动时，由于肌肉收缩而需要大量养分和氧气，心脏的收缩次数因此而增加，而且每次心输出量也较平常安静状态下要多。同时，氧气的需求量也会增加，呼吸次数比正常呼吸时要多，肺部的收缩和舒张程度也会加大，所以当持续进行有氧类项目运动时，肌肉长时间收缩，心肺就必须供应氧气给肌肉，以及带走肌肉中的代谢产物，而这一持续性的需求，便可以提高心肺的耐力。

（2）减脂效果显著。长时间的有氧类健身项目，都是通过有氧代谢系统来进行能量的合成，而且运动时间都要求在30分钟以上。这个时候，人体就会启动脂肪的分解来进行能量的合成和供应。如果每一周能够达到3~4次的运动频率，有助于达到减脂瘦身的目的。

（3）有效预防心脑血管疾病。血脂代谢异常是造成动脉粥样硬化、冠心病等心脑血管疾病的重要危险因素。人体的心血管机能随年龄的增加而衰退，血脂代谢逐渐紊乱，而长期有规律的有氧运动能有效地改善不良的脂蛋白水平。有氧运动对血脂代谢的影响是通过降低血浆中甘油三酯、胆固醇水平，促进甘油三酯的转运和降解来实现的，并且运动可使胆固醇逆向转运能力增加，引起血液中高密度脂蛋白胆固醇的升高和低密度脂蛋白胆固醇的降低。高密度脂蛋白胆固醇与低密度脂蛋白胆固醇比值升高，有利于外周胆固醇向肝中的转运和降解，从而促进了机体血脂代谢的改善，缓解心脑血管疾病的发生和发展。

（二）有氧类项目健身的基本准则

1. 运动强度适中

判定一个运动项目是否为有氧运动项目的主要标准就是心率，计算人体运动的最大心率是通过“220-年龄”得出的。库珀博士认为：最大心率的85%为高强度运动，适合运动员和健康青年人；最大心率的75%为中强度运动，适合健康的中年人；最大心率的65%为低强度运动，适合没有任何运动基础的人。从人的生理和心理感觉上来讲，进行有氧运动时应略感气喘，又不至于上气不接下气，出汗量要适中，稍感疲劳但不达到力竭状态，全身有舒展、轻快、愉悦的感觉。

2. 运动时间长且运动频率高

根据美国运动医学会的研究显示，有氧运动前15分钟，由肌糖原作为主要能源提供能量，只有在运动后15~30分钟人体的脂肪才开始启动供能，所以一般都要求有氧运动持续30分钟以上，才能达到减脂瘦身的目的。但是在保持适中强度下轻松运动30分钟或更长时间，并不是每个人都能达到的，所以运动时间要循序渐进，持续运动的时间能反映肌体耐力水平，而耐力的提高是不可能通过一两次运动就达到的。一般情况下，要求每周有3次不低于一小时的有氧类项目训练，长此以往才能真正达到健身的目的。

3. 不间断且具有节律性

从运动的表象上来看，所有的有氧类项目都具不间断性和节律性，有氧类项目重复动作多，并且容易控制。有氧运动一旦开始，运动途中就不会轻易停止下来，以便保持运动强度和目标心率。

（三）有氧类项目介绍

有氧类健身项目包含的内容相当丰富，根据有氧类健身项目运动的特点、运动的环境、运用的场地和器材，以及运动手段的复杂程度等，可作如下分类。

1. 简单体能类（有氧健身器械类）

跑步机、椭圆机、登山机、动感单车、AMT 有氧训练器、OCTAN 有氧训练器等，这些运动项目的一个共同特点就是动作简单、安全、易学，训练效果明显。练习者不需要占用很大的场地或必须掌握复杂的技术操作和专人的指导，自己就可以在户外、公园、广场或是健身中心轻松地开展训练。在此介绍几种比较有代表性的体能类有氧运动项目。

（1）跑步机。1965 年北欧芬兰唐特力诞生了全球第一台家用跑步机，是设计师根据传速带的原理改变而成。现在的跑步机都会有多种健身项目的选择，目的是提高人体的心肺功能和燃烧多余的脂肪，从而促进身体健康。

一般的跑步机上都有安全扣端口，最好在跑步时把安全扣别在身上，这样可以避免快速跑步时，因为不能及时停止跑步机而造成的伤害。运用跑步机进行锻炼时，健身者的跑步速度可根据身体条件和健身目标进行合理调整。

（2）椭圆机。椭圆机最大的特点就是人体运用它锻炼时膝关节是不存在着力点的。采用椭圆机锻炼，不仅能预防、降低和缓解颈椎病、肩周炎及上背部的疼痛，而且避免了跑步时所产生的冲击力，更好地保护了关节，从而具备更好的安全系数。椭圆机能锻炼和刺激坐骨神经，增强腰部肌肉的耐力和力量，针对臀部、大腿、腹部的刺激，可达到塑身的效果。

练习椭圆机时一般可以向前练习 3 分钟，再向后练习 3 分钟，一组练习5~6分钟，最好每次活动能够练习3~4组。动作频率应逐渐加快，但不宜太快，一定要把握在自己能够控制的范围之内。

（3）动感单车。动感单车是一种结合了音乐、视觉效果等独特的、充满活力的室内自行车训练课程，基本与普通单车相似，车身稳固地联结为一个整体。与普通单车不同的是，健身者可以根据自身需要调整负荷，达到健身的目的。

一节单车课程通常为60分钟，前10分钟热身，中间45分钟训练，最后5分钟进行放松运动。单车教练会根据个人能力来调节车的阻力和转数，并模拟上坡、下坡、原地冲刺等动作，在锻炼耐力的同时大量消耗脂肪。

2. 有氧健身操舞类

有氧健身操主要包括有氧舞蹈、有氧拉丁健身操、搏击健身操、有氧踏板操、健身肚皮舞、健身街舞、健身爵士舞、健身钢管舞和中国风舞蹈等。

这些项目较适合中、青年人群参与。在优美、激昂的音乐伴奏下，编排出符合人体解剖学特点的动作来进行不间断的练习，锻炼者可以在非常愉悦的心情下达到健身的目的。

（1）有氧舞蹈。有氧舞蹈是在领操员的带领下，伴随着音乐，通过由易到难的步伐，形成一个4~8个8拍的舞蹈组合。通过不断练习，可提高人体灵活性和协调性，增强人体的心肺功能，从而达到锻炼效果的一种健身项目。在进行有氧舞蹈健身的时候，健身者要注意听取教练员的指令，逐步建立动作的模型。在动作没有掌握的情况下，用基础步伐保持心率。一节有氧舞蹈课通常45~60分钟，包括热身、组合训练、放松3个部分。

（2）搏击健身操。搏击健身操就是把传统技击术（拳击、空手道、跆拳道、中国武术、泰拳、巴西战舞等）中出现的基本腿法和拳法进行简单的组合和创编，伴随着音乐，将这些动作组合完美地展示出来。因此，搏击操课程具有锻炼强度大，肌肉承受的冲击力较强的特点，可以有效提高人体的肌肉耐力和心肺功能。参与者在开始正式健身之前，至少进行15分钟的热身，用一些缓慢的伸展动作，把关节和肌肉充分调动起来，循序渐进地进入状态。参与者在3~5次的锻炼之后，身体的平衡和控制能力会得到有效的提高。一般来说，一节60分钟的搏击健身操可以消耗掉将近600千卡的热量，是一项较好的有氧类健身项目。

（3）有氧踏板操。踏板操作为一种新型的有氧类健身项目，在国际上已成为时尚的健身方式。其原因是：有氧踏板操是把体能测试中的台阶试验与健身操中的动作和步伐结合，放在特制的踏板上完成。踏板操除具备健身操的所有特点外，还可以调节踏板高度，健身者可以根据自身情况保持运动的强度，从而达到良好的健身效果。

①大量消耗能量、脂肪、增强心肺功能。由于要克服重力作用，所以完成同样动作，有氧踏板操练习比在平地上进行消耗能量要多，同时运动负荷的合理增加也将有利于心肺功能的提高。

②对腿和臀部的塑形作用。在完成所有上、下踏板的动作中，主要用力的肌肉是大腿及臀部肌肉，它们要克服自身重量产生的阻力，而这个阻力相对最大力量要小很多。因此，踏板属于长时间的小重量抗阻肌肉练习，能够起到消耗腿部、臀部多余脂肪，达到突出肌肉线条而又不增加肌肉围度的作用，对塑造健美的腿部和臀部有很好的帮助。

③培养人体良好的方位感。由于踏板是一个立体器械，所以利用它进行练习时，就不能像在平地上一样随心所欲。比如离板太近或抬腿不够容易将踏板踢翻，离板太远又踏不上板，迈步过大或踩在踏板边缘容易摔倒。练习者需要有良好的位置感，包括对自身位置及踏板位置的感觉。

在健身时注意慢慢地加高踏板的高度，不要用半只脚踩踏踏板。在动作内容没有学会的时候，要保持上下板的基本动作，这样做是为了保证锻炼心率不至于下降太快，并且确保安全。

（4）尊巴。尊巴的本意是“快乐地舞动”，它是将动感音乐与富有拉丁风情的动作元素融合在一起，以其激情洋溢的风格而风靡全球，成为当今国际最流行的健身课程之一。尊巴是由舞蹈演变而来的一种健身方式，它融合了桑巴、恰恰、萨尔萨、雷鬼、弗拉门戈和探戈等多种南美舞蹈形式。由于舞蹈风格多以拉丁元素为主，尊巴课程可以有针对性地对人体的腰腹部进行良好的塑形。通常一节60分钟的尊巴健身课分成节奏强度不同的几个阶段，使锻炼者充分体验拉丁健身舞蹈的欢乐、兴奋与浪漫，即便没有任何舞蹈基础的人，也可以得到放松和乐趣。进行尊巴锻炼时要注意以下几点。

①理解和享受音乐的旋律。身体放松，用心去感受音乐表达的情感，听懂尊巴特有的节奏。只有理解了音乐，才有可能在动作表现上进行恰如其分的发挥。

②收紧腹部，主动用力。调整腹部肌肉的运动频率，去适应音乐节奏，这样才能达到最好的锻炼效果。

③动作幅度最大化。在练习的过程中尽可能让舞蹈动作幅度最大化。经过反复练习，然后在音乐中寻找对身体的控制感觉。

（四）有氧类健身项目注意事项

1. 健身要注意控制强度

有氧运动不是越多越好，如果中等强度的有氧运动时间达到2个小时，可耗尽体内90%的白氨酸（对肌肉生长非常重要的一种氨基酸）。如果肌肉总量减少，休息状态的新陈代谢率降低，体脂比率将随之增加。每周3~4次，每次至少30分钟，以最大心率的50%~75%锻炼的有氧运动才会达到健身的目的。

2. 选择合理的锻炼时机

当身体患病，如感冒、发烧时还要坚持锻炼，可能会加重病情，此时来进行有氧类项目的训练，会增加器官的负担，而且对身体健康十分不利。此时应停止锻炼，充分休息，处于严重失眠、浑身乏力时也不宜运动。

3. 注重锻炼前后的准备与放松活动

在每次运动前要做好准备活动，特别是在户外和天气较冷的时候，可以通过慢跑和肌肉的伸展练习来使身体的温度升高，从而降低肌肉的黏滞性，提高人体交感神经的兴奋度，从而使人体的运动系统、呼吸和循环系统为训练做好准备，使人体受伤的概率大大减少。整理放松则是将运动完的肌肉恢复到自然放松的状态，防止身体疲劳的一个有效手段。

4. 量力而行，循序渐进

练习者一定要根据自身情况，缓慢增加运动量。开始的时候，不宜过累，不要求每次达到 30 分钟的运动量，要让身体有一个适应、恢复、再提升的阶段。运动前适量吃些水果或含糖食物，防止出现低血糖症状。

5. 处理好运动量、运动频率和运动强度的关系

练习者宜每周锻炼 3~5 次，每次锻炼 30~60 分钟，锻炼频率过少不能使脂肪燃烧充分。脂肪的代谢能力并非几次有氧运动就能获得，一次持续时间较长的锻炼更容易使机体疲劳，损伤身体。

6. 选择符合运动项目的运动服饰和装备

在练习有氧类项目的时候，为了自身安全和达到良好的健身效果，需穿着符合运动项目特点的服饰进行健身。

二、拉伸类项目

（一）拉伸类项目概念及健身原理

1. 拉伸类项目概念

肌肉与韧带的弹性和柔韧性对人体健康是一个非常重要的指标，它是指身体各个关节的活动幅度以及跨过关节的韧带、

肌腱、肌肉、皮肤的其他组织的弹性伸展能力。经常做伸展练习可以保持肌腱、肌肉及韧带等软组织的弹性。柔韧性得到充分发展后，人体关节的活动范围将明显加大，关节灵活性也将增强，这样做动作更加协调、准确、优美，同时在体育活动和日常生活中可以减少由于动作幅度加大、扭转过猛而产生的关节、肌肉等软组织的损伤。因此，拉伸类项目是通过自我或是外界力量对人体的四肢、躯干的肌肉和韧带等软组织进行牵引、固定、收缩等动作的练习，可提高身体肌肉、韧带、关节的活动幅度和强度的运动项目统称为拉伸类项目。

2. 拉伸类项目健身原理

由于久坐的原因，越来越多的人出现了圆肩驼背、脖子前凸，肩部、颈部和腰部肌肉出现不同程度僵化，伸展性和活动范围变差，严重影响了人们的生活质量。

拉伸类项目的健身方法是通过自我或是外界力量对四肢和躯干的肌肉和韧带进行不同强度、不同方向、不同角度的牵引、固定、收缩，对这些软组织的弹性和韧性进行修复，从而达到帮助人体缓解肌肉酸痛、减少受伤机会、增强身体活动功能的目的，同时增进关节的血液及养分供应，改善不良体态。

（二）拉伸类项目健身特点

1. 拉伸类项目的锻炼效果

拉伸类项目和其他类健身项目有所不同，在整个健身中全部是通过每种体式的不断调整，使身体的姿态最大限度地达到体式要求的标准。通过对呼吸的控制，反复体会本体肌肉和韧带拉伸带给神经的刺激，从而达到姿态的改变和肌肉与韧带强化的目的。主要锻炼效果有以下几点。

（1）改善人体姿态。由于生活和工作环境的问题，越来越多的人因为缺乏肌肉的伸展和运动而出现了骨盆前倾等非常难看的体态，而通过拉伸类项目的训练会完全解决这些问题。

（2）改善肌肉韧带以及关节的活动范围。练习者通过对拉伸类项目的锻炼，会激活长时间处于“休眠”状态下的肌肉和韧带，从而协助主动肌完成动作，来达到韧带和关节活动性的同步提高，节约身体所消耗的能量。

（3）消除运动性和病理性疲劳。当我们在运动或长时间工作后，一个明显的感受就是肌肉酸痛。造成这一现象的主要原因是身体局部负担过重，造成机体深层的血流速变慢。肌肉牵拉本体感受器会刺激神经反射，让我们感觉到酸、麻、疼等不适。这些都必须通过进行拉伸类项目锻炼得以缓解和消除。

2. 适合不同年龄和性别的人群练习

拉伸类项目的训练动作轻柔、缓慢，不会对练习者造成很大的练习压力，通过肌肉和韧带的牵引、固定、收缩反而会让练习者的精神变得放松和愉悦，舒适的训练强度和优美的体式动作，适合各个年龄层次和性别的人进行练习。

3. 注重身体和心理的锻炼

拉伸类项目在练习时要反复体会体式动作的标准姿势，要求练习者必须要全神贯注地用心体会和揣摩动作的内涵，当动作和意念高度统一的时候，会达到最完美的健身效果——“心体合一”。当今社会，大多数人容易出现失眠、忧郁、焦虑、狂躁等症状，这些都是人的关注力变弱的表现，拉伸类项目对人的关注力有良好的锻炼作用。

（三）拉伸类项目介绍

1. 徒手垫上类

（1）瑜伽。

①哈塔瑜伽：哈塔瑜伽是所有瑜伽体系中最实用的一个分支，通过变换身体的姿势，配合呼吸和放松的技巧，来达到训练的目的。在练习哈塔瑜伽时，要打破原有的呼吸节奏，一般每分钟保持3~5次呼吸，尽可能保持缓慢绵长的呼吸，从而激发身体潜能。

②流瑜伽：流瑜伽比较侧重于伸展性、力量性、柔韧性、

平衡性、专注力等的全面锻炼，同时注重呼吸同体位的配合。流瑜伽体式之间的衔接给人一气呵成之感，整个练习过程流畅，速度比哈塔瑜伽快，一般一个姿势要保持两次呼吸，而动作顺序多半是由高至低。

③高温瑜伽：高温瑜伽是指在高温环境中进行的瑜伽训练，一般是在38~42℃进行瑜伽动作的练习。高温瑜伽规定有26个瑜伽体式，而在每一个姿势上要保持至少5次呼吸，一个姿势要做两遍。

④阿斯汤伽瑜伽：阿斯汤伽瑜伽有一套固定姿势的连结方法和呼吸的节奏，从一个姿势转换到另一个姿势，动作连贯而且快速，甚至用跳跃的方式，对体力的要求较高，所以也叫力量瑜伽。

（2）普拉提。普拉提是泛指所有运用普拉提动作来锻炼的课程，该课程可以是集体健身课程或是由一个教练为了纠正练习者某种特殊损伤、肌肉不平衡或其他身体问题而开设的私人训练课程。

普拉提是专为在办公室工作的人群设计的，这些人由于长时间在办公桌和电脑前工作，导致肌肉发展失衡。这种课程主要是针对腹肌、髋肌群及肩、背等部位的肌肉进行训练。有规律地进行普拉提锻炼可纠正身体姿态，放松腰部、颈部，解决肩部问题，收紧手臂、腹部的松弛肌肉。

练习普拉提时需遵循六大原则。

①专注。唯有专注才可以把精神和身体连接起来，感受到每个动作的微妙区别。利用专注力，姿势会不断地调整，提升动作的控制力和流畅度。

②控制。专注结合呼吸会产生强大的控制力。每一个体式的起始都需要运用控制力，身体处于某一个姿势时，更要用控制力来维持，久而久之，肌肉功能就会得到强化及提高。

③轴心。普拉提讲求“深度腹肌”的运用，有意识地收缩身体轴心的肌肉，调整和保持这一区域肌肉的强度。

④呼吸。普拉提配合正确的呼吸，能够激发腹腔肌肉，让动作变得流畅。吸气时可协助身体调整姿势，呼气时会发觉脊柱能再伸远一点，肌肉能再拉长一些，达到身体之前没有到达过的动作幅度。

⑤准确。动作要准确，就要把思想带到运动中，集中精神，不断调整。就是这些细微的分别，会令练习者得到截然不同的感受。

⑥流畅。动作练习速度要均匀，不要胡乱用力，动作和动作之间也要讲求流畅。

2. 轻器械类

（1）重组训练器。结合普拉提垫上动作，利用弹簧、拉力带、泡沫轴等工具通过姿势训练，可加强全身的力量。重组训练器在加强深层稳定肌肉群的同时，也可以同时刺激大肌肉群，让我们的身体更强壮，加快新陈代谢，消耗更多的脂肪，从而有效地改善体态，塑造良好体形。

以仰卧蹬腿为例。仰卧在滑板上，拉长颈椎，将肩胛骨和骨盆调整到中立位置。双手掌心向下置于身体两侧，背部既不要拱起，也不要完全贴在滑板上。屈膝，脚跟放在脚踏杆上，两膝关节轻轻贴靠在一起，脚踩并拢，勾脚尖。呼气，蹬直双腿，膝关节不要锁定；吸气，返回开始位置。重复练习 15 次，最大负荷为 3 根弹簧。

（2）瑞士球训练法。健身球是 20 世纪 50 年代由瑞士人发明的，因此也叫“瑞士球”，最初是作为一种康复医疗设备，用来帮助运动神经受损的人恢复平衡和运动能力。随着它在康复医学和体能训练中不断发挥作用，逐渐被延伸推广为一种流行的健康运动。

瑞士球练习是在非稳定的环境下进行训练，在促进肌肉功能恢复和发展关节稳定性方面有着重要的作用。它还可以训练胸、腹、背、臀、腿等处的肌肉群，而这些肌肉群在保持身体平衡、改善身体姿势以及预防运动损伤等方面发挥着重要作用。

以双手撑地，屈髋拉球为例。将两腿并拢置于瑞士球上，两手撑地，手臂与身体成90°夹角；脊柱保持正常位置，与地面平行；控制身体不改变任何夹角，保持均匀的呼吸，不要憋气。保持身体平衡，在躯干部分与地面平行的同时屈髋屈膝，以脚尖带动瑞士球向前滚动。直到大腿和身体成90°后，缓慢伸髋伸膝，并恢复原来的俯卧撑状态。整个过程中，躯干始终保持与地面平行，手臂的位置与身体及地面的夹角保持不变。

（3）悬挂训练法。悬挂训练法即TRX（Total Resistance Exercise），起源于美国海豹突击队，通过抗衡训练者的自身重量，利用悬挂绳进行上百种不同的训练方式，从而提高训练者的力量、平衡力、灵活性和核心稳定性。

使用TRX时，通过两手握住或两脚钩住训练带主绳两端的手柄和足环完成动作。没有坐姿动作练习是TRX的训练特点，在悬吊中完成动作，能调动全身肌肉主动寻找平衡，训练身体稳定性。TRX健身系统针对现在人们生活节奏快、坐姿时间长、健身时间短的特点设计了一系列动作套路，包括上肢、下肢、核心训练以及柔韧性训练，而每一个套路中又包含几十种动作。同时，改变练习中身体支撑点的位置、支撑面积的大小、悬垂点的高低和主绳的长度又可以增加或降低动作难度，产生不同的训练效果。

以悬挂箭步蹲动作为例。首先，右脚穿过把手并固定住，全程离地，左腿向前迈出一大步呈箭步蹲，核心部位收紧控制平衡。其次，摆臂发力，左腿稳定地站起来，右腿同时向前抬腿，膝盖尽量抬高，双腿交替练习。

（4）空中瑜伽。空中瑜伽是美国人克里斯托弗·哈里森创立的反重力瑜伽，是一种新型的瑜伽方式。空中瑜伽与传统瑜伽不同，它借助从屋顶吊下的丝质吊床，让练习者完成所有动作练习。反重力瑜伽需借助特殊器具，这种器具名为“反重力吊床”，由一种丝质纤维制成，两端与室内天花板悬垂而下的锁链相连，距地面不到1米。吊床打开时形似秋千或吊架，闭合时又如豆荚，供练习者冥神静思。整个吊床承重超过900千克。

（四）拉伸类健身项目注意事项

1. 运动时一定要缓慢、轻柔

为了保证拉伸类项目对肌肉能起到最大的训练效果，要求练习者在练习时一定注意动作要有所控制。速度过快或过猛可能对肌肉产生损伤。

2. 运动时注意关节和肌肉的方向与角度

在练习时，由于种种原因，练习者会忽视动作的细节，主要包括关节的位置、角度和方向。一旦出现不正确的体式就会导致受伤，练习时一定要注意细节。

3. 在吃得过饱的情况下不要进行拉伸类项目的练习

吃得过饱，大量的血液会流向消化系统。由于大脑中血液流速变慢，会出现精神不振、嗜睡的症状。如果这个时候进行练习会失去对肌肉的控制，反而达不到练习的效果。练习动作对内脏的挤压和摩擦，会出现肠胃不适等现象。

4. 要穿着专业的训练装备进行拉伸类项目的练习

尽量穿着带有弹性、透气、棉质的运动服进行练习，以保证训练效果。

三、水中健身项目

（一）水中健身项目的概念与健身原理

水中健身运动能够增强生理机能，肌肉的收缩，再加上水压、浮力共同挤压血管，可促使循环机能和代谢调节能力增强。长期坚持水中健身运动，能使肺活量增大，摄氧量增强。20世纪中期，水中健身项目在欧美各国逐渐兴起，适合不同阶层的人健身、减肥，逐渐被人们认为是健康、见效、安全、副作用较小的一种塑身运动。

1. 水中健身项目概念

水中健身结合了不同节奏的身体动作和舞蹈步伐，在1～

1.4米深的水中，练习者在教练的带领下，伴随着音乐，根据不同人群的需要进行不同方式的有氧健身运动。水中健身集合了花样游泳、舞蹈、有氧操、形体塑造、泳姿训练等多方面的内容。

2. 水中健身项目的健身原理

与水中运动相关的最基本和最重要的物理定律有3个，综合水本身所具有的压力、浮力、流动性等特点，水中运动应遵循以下原理。

(1) 水中运动的阻力。阻碍人体在水中前进的力，统称游进阻力，阻力方向总是与身体或肢体运动的方向相反。水中运动是一个利用阻力和克服阻力的过程，其遇到的阻力形式主要有以下几种。

①摩擦阻力。摩擦阻力是物体相互接触并出现相互运动或有运动趋势时产生的相对作用力。在水中，物体与水产生的摩擦可影响运动速度，通过保持身体流线型，穿戴薄而光滑的紧身衣裤和帽子等方式可减少摩擦阻力。

②压差阻力。压差阻力是运动时，在物体前后方形成的压力差所引起的。由于压力差的大小取决于物体的形状，故称之为形状阻力。在与游进方向相垂直的平面上，人体所成的投影面积叫投影截面，阻力与投影截面大小成正比，投影截面越大，游进时所遇阻力越大。同一截面，但形状不同的物体，在水中运动时所产生的压差阻力也不同。

③波浪阻力。人体游动时必定有一部分水被身体推动，其中部分涌向空中而高出水面，形成波峰，又因水的重力作用而压回水面，形成波谷。峰、谷在水面的一次传递，会在水的黏滞力作用下，逐渐削弱至停止。由这种运动引起的水浪会加大水分子的动量，增加身体的阻力。波浪阻力在游进速度不快时作用不显著。

④惯性阻力。物体有维持固有的运动或静止状态的特性，即惯性。物体由静止状态变为运动状态，由运动状态变为静止

状态，或在运动中变换不同的速度，都必须有外力的作用。有外力来克服物体的惯性力才能完成上述状态的变换，这种惯性对物体向前或向后运动所起的阻碍作用叫惯性阻力。

（2）水上运动的推进力。水上运动的推进力是指游泳时推动身体前进的力，可分为两种类型，即阻力推进力和升力推进力。

①阻力推进力。通过肢体向后划水、打水或蹬夹水动作，给水一个作用力，借助水的支撑反作用力推动人体前进，这种利用水的阻力获得的游泳推进力被称之为阻力推进力。

②升力推进力。升力推进力，即利用升力原理获得的推动人体前进的力。由于肢体运动的方向路线不是直线，而是在一个立体空间做三维曲线运动，相对于流动的水，不仅为人体提供阻力推进力，而且也由此产生了第二种推动力——升力推动力。

升力与划水速度和攻角大小密切相关。当手掌与划水方向所成攻角越合理时，划水速度越快，获得的升力越大，攻角过大或过小都会使升力减小或消失。升力作用方向总是与阻力作用方向相垂直。

（二）水中健身项目的特点

水中健身运动充分利用了水的阻力、浮力、传热性及水流按摩等特性，使它具备了独特的、与其他健身方法截然不同的塑身效果，是一种时尚的休闲健身项目。其特点有以下几方面。

1. 有利于塑造优美的体态

人体各部分在水中受到的浮力、压力较为均匀，练习动作相对舒展、柔和，肌肉的伸展性和力量能得到均衡的发展，可调节人体姿势和脊柱生理弯曲，有利于塑造优美的体态。由于水的密度比空气大 800 多倍，要完成同样的动作，就要付出比在陆地上大得多的力量。因此，水中健身会取得事半功倍的效果。

2. 有利于预防运动损伤

在水中运动时，水的浮力作用大大减轻地面对身体各关节的冲击力，使关节不容易受伤。

3. 增强新陈代谢水平

水的散热能力是空气的20多倍，人即使在水中静止不动也要消耗很多能量，人进入水中受到冷刺激，为防止大量散热，皮下血管产生收缩，随着水中运动的持续进行，为防止体温过低，又要释放出大量热能，因此能提高皮下血管循环功能，有利于练习者改善体温调节能力以及增强新陈代谢，强身健体效果显著。

4. 促进机体机能恢复

水中运动相对出汗较少，减少了陆上训练后汗水中盐分对皮肤的刺激。水流、波浪的摩擦和拍打有特殊的按摩作用，既可防止肌肤的松弛和老化，保持肌肤光洁、润滑、有弹性，又能帮助和促进机体机能的恢复，对腰痛、膝关节痛、更年期综合征、慢性肠胃炎、慢性支气管炎、哮喘等辅助疗效明显。

5. 对心肺功能和心血管系统的保健效果明显

水中健身操是有氧运动，以糖、脂肪的有氧代谢供能为主，因此，对心肺功能和心血管系统有良好的保健作用，而且对调节体脂代谢、降低体脂效果显著。对于体型纤瘦的练习者而言，在水中运动后配合科学的饮食计划，可适度增加皮下脂肪和肌肉，因为体表散热刺激和压力刺激，可反射性地调节体脂的合成与分布，使其向皮下转移，形成一层适度的脂肪层，使体型变得健康协调。

6. 提高呼吸机能

与空气相比，水的密度要大得多。由于在水中游行时会受到阻力，故人体承受的压力增大，呼吸机能得到锻炼。

7. 提高儿童的身体素质

在水中放入玩具让孩子玩耍，只会使孩子感到愉快而完全不会有进行锻炼的感觉。人在水中受到浮力影响，身体运动变得轻便，可以根据水的特性进行各式各样的水中练习。

（三）水中健身项目介绍

根据水中健身的作用将水中健身运动分为水中热身操、水中瑜伽、水中器械练习。

1. 水中热身操

（1）肩部旋转练习（图2–22，图2–23）。

图2–22　肩部旋转（1）

动作：双脚开立与肩同宽，脚尖外展，站立在水中，双腿屈膝，使水没过肩膀；吸气，两臂侧平举，掌心向上，与地面平行，呼气，弯曲两肘，让手指尖放在肩膀之上。两大臂平行于地面，以肩关节为支点，吸气，双臂向前方旋转，呼气，双臂向后方旋转。双臂做旋转时，指尖不能离开肩膀，先配合呼吸向前转小圆圈，做10次，再向反方向做，即向后转小圆圈10

次。紧接着向前做大圆圈，两肘尽量在胸前触碰，配合呼吸做10次，再向反方向做，即向后转大圆圈10次。体会水流对肩膀、手臂、背部肌肉的充分按摩。

图2-23　肩部旋转（2）

（2）腰部伸展练习。

动作：双脚开立与肩同宽，双臂侧平举，掌心向上，与地面保持平衡；双手慢慢向上伸展，于头顶并拢，上体慢慢向后伸展，尽量向后延伸。体会腹部肌肉的拉伸，慢慢还原，向前、向左、向右分别重复以上动作，每个方向各做两次之后，做腰部旋转练习，体会背部肌肉和腰部肌肉的充分按摩与伸展。

（3）半蹲练习（图2-24）。

动作：双脚开立与肩同宽，双脚分别略外展，双手相交，胸前平举，弯曲膝盖，使水面刚刚没到颈部，正常呼吸2~3次，慢慢吸气，伸直两腿，正常呼吸2~3次，重复练习3~5次。随后把双脚脚尖向两侧多转两三寸，吸气，慢慢下蹲，提起脚跟，水面刚刚没到颈部，正常呼吸2~3次，慢慢吸气，伸直两腿，放下脚跟，正常呼吸2~3次，重复练习3~5次。体会水流对大腿肌肉、小腿肌肉、膝关节、踝关节的充分按摩。

图 2-24　半蹲练习

（4）深蹲练习（图 2-25）。

动作：双脚开立与肩同宽，双脚分别外展，双手相交，胸前平举，深吸气，弯曲膝盖，使水面刚刚没过头部，慢慢伸直两腿，深呼气，重复练习 3~5 次。把双脚脚尖向两边多转两三寸，慢慢下蹲，提起脚跟，水面没过头部，慢慢伸直两腿，放下脚跟，深呼气，重复练习 3~5 次。体会水中憋气及水流对大腿肌肉、小腿肌肉、膝关节、踝关节的充分按摩。

（5）水中行走。大步向右前方迈出右脚，随即收左脚成并立，左手收于腰间，伸右手，向后滑水并收至腰间；向前伸左手，迈左脚，进行反方向练习，配合音乐，依次交替前行 10~20 米。

（6）水中开合跳。双脚起跳向两侧打开，双臂侧平举，接着双脚跳回并拢，双手收回体侧，跳 2 个 8 拍。

（7）水中小踢腿。双脚起跳，右腿向前用力弹踢，左脚单脚站立，双臂侧平举以维持身体平衡，右脚落下并站立，左腿向前用力弹踢。配合音乐依次进行，做4个8拍。

图2-25　深蹲练习

（8）水中大踢腿（图2-26）。右腿后撤成弓箭步，左手前伸，右手收至腰间；右腿向前做大踢腿，右手前伸，左手收至腰间；右脚落地，左脚成弓箭步，左腿向前做大踢腿，左手前伸，右手收至腰间，配合音乐依次前行10~15米。

2. 水中瑜伽

瑜伽不光是属于陆地上的运动，其实在水里做瑜伽，效果也很好。许多人惧怕或难以忍受传统瑜伽体位中筋腱抻拉的酸痛感，可尝试一下水中瑜伽，它会让你耳目一新，具有新鲜感。水中瑜伽分为半深水区瑜伽和浅水瑜伽。

3. 水中器械练习

水中轻器械操是器械与四肢、躯干和头部相互配合，向不同方向做伸展、摆振、旋转等动作的练习。它既有身体各部位的动作，又有变化器械方向位置的动作，还可以利用各种轻器械的不同特点来练习。轻器械操内容丰富、形式多样，具有独特性、趣味性，具有极好的锻炼价值。

图 2-26　水中大踢腿

四、户外健身项目

随着社会的不断发展、进步，人们对体育活动的内容、手段和方法的要求越来越高。户外运动作为理想的体育休闲手段，正以一种更加自由、随意的运动方式，备受大众的青睐和喜爱。户外健身项目以自然环境为依托，以时尚户外运动项目为主要活动方式，带有一定的探险性、极限性、挑战性和刺激性，使得参与者能够融入自然，挑战自我。

（一）户外健身项目的概念与健身原理

1. 户外健身项目的概念

户外健身项目是为了提高参与者的运动能力和改善其身心状态，在专业指导者的指导下，专门组织的、有计划的户外体育活动。其直接目的就是改善参与者的身体机能和精神状态，只有遵循科学的健身原则，科学制订并认真执行锻炼计划，才能取得户外健身活动的锻炼效果。

2. 户外健身项目的健身原理

户外健身运动对内脏功能有良好的调节作用。有实验表明，长期进行运动锻炼并且长期参与户外健身活动的人，心肌比一般人发达，肌肉纤维退化得比较缓慢。这充分说明了经过户外运动锻炼的心肌力量比没有经过运动锻炼的要强得多。通过参与户外健身运动，可以增大每搏输出量，增强心脏收缩力量，使血管系统保持良好的弹性。

在参与户外健身运动时，肌肉有节奏地收缩及舒胀，加之呼吸时膈肌的上下活动，可直接提高肺活量，从而增强练习者利用氧的能力。由于户外健身运动大多在自然环境中进行，对提高心肺功能有较大的益处，从而使人保持充沛的体力和旺盛的精力。

人体在正常代谢中会产生一种被称为自由基的有害物质，它能破坏人体细胞膜，损伤人体正常细胞，引起人体组织的衰老甚至变异，而负氧离子可以有效结合自由基，使之排出体外。参与户外健身运动可以有效排出有害自由基，有益于延缓衰老。

（二）户外健身项目特点

户外健身项目是一种智力与体力并重的体育项目，是集竞技、娱乐、休闲为一体的勇敢者运动，它具有放松人的心理压力、调节人体紧张情绪的作用，使人精力充沛地投入学习、工作。户外健身项目可以培养人的独立思考和解决困难的能力，同时增强人体的体力和智力，可以陶冶情操，保持健康的心态，充分发挥个体的积极性、创造性和主动性，从而提高练习者的自信心，使个性在融洽的氛围中获得健康、和谐的发展。

（1）挑战极限。户外健身项目很多都富于挑战，在健身活动中，参加者勇于尝试新的活动项目，并要求全身协调配合来达到自己的最高水平。户外项目具有一定的难度，需要参与者向自己的能力和心理极限发出挑战，从而实现跨越“极限”。

（2）团队合作。户外健身项目更多的是团队项目，依赖于团结协作。在健身活动中，一个人的力量再强也不代表成功，在整个团队中，每个人都是必不可少的一部分，队员之间相互信任、相互激励、相互学习、相互帮助。在健身活动中，整个团队好比一个大家庭，每个参与者都能充分体会到其中的乐趣，也可以清楚地看到自己的价值所在。

(3) 高峰体验。户外健身项目是磨炼个人意志品质的教育方式。在健身活动中每个人都会不断面对挫折、面对失败，但是在同伴的鼓励下仍然会站起来，以更坚强的意志和更坚定的信念去参与挑战。在克服困难、顺利完成健身项目以后，能够体会到发自内心的胜利感和自豪感，获得人生难得的高峰体验。

(4) 自我教育。户外健身项目可以培养人的独立分析和解决问题的能力，以及良好的逻辑思维能力。在健身项目活动中会遇到很多问题及困难，参加者能够充分发挥个体的主体地位和主观能动性，达到自我教育的目的。

(5) 项目内容新颖。户外健身项目具有时尚性、新颖性。每个参与者都在接触新事物、学习新事物、运用新事物。这种体验培养了参与者的观察能力和动手能力，更增加了参与者的参与兴趣，使其体会到户外健身项目带来的快乐。

(三) 户外健身项目介绍

目前，随着户外运动的发展，户外健身项目主要包括攀岩、登山、速降、野营、定向运动、轮滑及单车、溯溪、探险、徒步、潜水、冲浪和素质拓展等。

由于篇幅所限，仅以攀岩为例做介绍。攀岩运动是从登山运动中衍生出来的竞技运动项目。由于登山对普通人来讲要求较高，而攀爬悬崖峭壁相对容易操作，且更富有挑战性，所以攀岩作为一项独立的、被广大青少年所喜爱的运动迅速在全世界普及开来。攀岩运动只能靠攀登者的双手、双脚蹬抓岩壁突出的支点和裂缝向上攀登。攀登者必须发挥自身的能力，集力量、耐力、柔韧和平衡于一身，利用那些难以把握的支点向上攀爬，完成腾挪、窜跃、引体向上等动作，使人在惊险的运动中得到美的享受。因此，这项运动也被誉为“岩壁上的艺术体操”和“岩壁芭蕾”。

攀登运动发展到今天，其形式丰富多彩，可分为四大类，即高山探险、攀岩、攀冰和冰岩混合攀登。

（四）户外健身项目的注意事项

户外健身运动项目很多，只有遵循以下注意事项，才能保证练习者健身的安全性。另外，根据各种项目的不同特点，还需要提出有针对性的要求与应对措施。

1. 严格按照户外健身指导的要求参与户外健身活动

任何户外活动都需要注重团队和自身的“安全”，没有“安全”，一切户外活动都没有任何意义。众多户外事故的发生，都是忽略安全或者对安全问题没有引起足够重视造成的。户外健身者在活动过程中主要处于户外，户外自然情况复杂多变，参与者要时常保持清醒的头脑，讲求科学，严格按照户外健身活动指导者的要求和户外健身项目的技术要领，积累活动经验。在户外健身活动过程中，只要做到处处小心、按要求行事，就会避免很多风险，顺利完成户外健身项目。

2. 增强身体的有氧代谢能力

在户外一旦遇到恶劣的环境，身体里的潜在病症可能会被激发出来，后果不堪设想，所以要注意身体的有氧训练。在所有的体育运动项目中，为了更好地实施与参与运动，都应建立在一个具有良好有氧素质的基础上。有氧训练可以提高人体的心肺功能，适度的慢跑、游泳、骑车等有氧运动，能够促进血液循环，加速肌肉中乳酸的消除，减少乳酸堆积，缩短运动后的恢复期。此外，有氧运动还可以燃烧体内多余的脂肪，提高肌力与体重的比例。充沛的体能是参与户外健身活动的前提条件，从而可以更好地完成户外健身活动。

3. 始终坚持“三不”原则和“三有”原则

从安全角度出发，参加户外运动要始终坚持“三不”原则，即不攀比、不争强、不过量。不攀比是指在距离、时间、强度上不与他人攀比；不争强是指在速度、难度上不与他人争强；不过量是指在身体适应能力和距离上不超量。从科学运动角度出发，参加户外运动还要坚持“三有”原则，即有恒、有序、有度。有恒是指运动要持之以恒，有序是指运动要循序渐进，有度是指运动不要过量。

4. 具备基本的自救技能

在户外健身活动中，有很多项目需要参与者具备一定的相关知识，例如学会使用地图和指南针进行定位。此外，还要学习掌握必要的救生和自救技能，遇险不能发慌，做到沉着冷静、果断决策。

5. 选择安全、专业的户外装备

户外健身运动是一项对装备要求很高的运动，户外装备指的是参加各种探险旅游及户外活动时需要配置的一些装备。这些装备包括防寒装备、睡袋、帐篷、背包、高山靴、雪套、主绳、安全带、铁锁、绳套、头盔、保护器、上升器、攀岩鞋、防滑粉、粉袋等高线地图或其他资料、防水灯具、各种刀具等。户外装备是安全完成户外健身活动的保障，应购买专业并通过国际认证的户外装备，不能为了省事而忽视装备的配备，以免造成严重的事故。

第四节　传统体育健身项目介绍

中华民族传统体育项目在漫长的岁月里，形成了庞大的技术和理论体系。本节主要就人们喜闻乐见和经常练习的部分项目进行介绍。

一、武术套路

（一）武术套路健身原理

中华武术是中国传统文化的优秀载体和集中体现，其鲜明的民族文化特色世代相传、经久不衰，逐渐成为优秀的民族传统体育项目。

武术在我国古代既是训练格斗技能的直接方法，又是强筋健骨、调理脏腑、健康身心、延年益寿的有效手段。武术在承袭沿革数千年后，形成了众多的流派和练习套路。虽然武术套路内容繁多，但是无论武术长拳类项目中的“提、托、聚、沉”，还是以太极拳为代表的内家拳的“气沉丹田”等，都强调武术套路运动不仅仅是简单的肢体运动，而是人体外在肢体运动与内在精神意识活动的有机整体和高度统一。现代科学证明，通过进行武术套路运动项目的锻炼可以使人体的心血管系统、呼吸系统、中枢神经系统的功能得到有效的改善和提高，使人体的力量、耐力、速度、协调、柔韧等各方面的身体素质得到良好的发展。

（二）武术套路健身特点

（1）武术套路练习，对人体各关节的柔韧性要求很高，通过练习可以增加人体各关节的活动范围，提高人体的活动能力。

（2）练习武术套路动作的路线、方法繁多。通过长时间的练习，能够提高练习者的协调性、灵活性、肌肉控制能力和空间感知能力。

（3）通过长时间的练习，可以培养习练者内在意识与肢体外在运动高度协调的能力。

（4）武术套路运动都具有鲜明的中国传统文化特色，深受中国古代传统哲学的影响，它不同于西方体育追求外显的极限力量和速度，而是追求对力量和速度的绝对控制，进而练习对自身精神意识的绝对控制，从而使人达到身心高度统一的内壮外强的健身效果。

（三）武术套路健身项目介绍

1. 长拳

现代武术运动中的长拳是沿用了明代长拳的称谓，是将具有广泛群众基础的查、华、炮、红、少林等具有拳势舒展、快速有力、节奏鲜明等共同特点的拳术统称为长拳。

长拳动作练习的特点是勇往直前，在战斗意识上体现出勇敢、机敏和无所畏惧的英勇气概。

2. 太极拳

太极拳历史悠久，流派众多。其动作刚柔相济，既可技击防身，又能增强体质、防治疾病。太极拳是一项传播广泛，深受人们喜爱的优秀传统拳术。

练习太极拳的过程中，要求呼吸自然，要用意识引导动作，把注意力贯注到动作之中。要求人体的脊柱按自然的形态直立起来，使头、躯干、四肢等部分进行舒松自然的活动，通过下肢步法、上肢手法与躯干之间的相互配合变化，逐渐做到全身动作协调完整，从而使身体各个部位都得到均衡的锻炼与发展。

（四）武术套路健身注意事项

（1）首先练习者要客观评价自己的身体情况，再根据自己的喜好选取适合自己练习的武术健身项目。

（2）练习者不可急于求成，练习的运动量一定要循序渐进，以防受伤而影响健身效果。

（3）武术健身项目的练习，贵在坚持，只有持之以恒的常年锻炼，才能收到强健身体，愉悦身心的健身效果。

（4）锻炼地点最好选择环境优雅、空气新鲜的公园或社区，在树木多、人流少、空旷的地方进行锻炼。若遇雾霾或有风沙的天气，则不宜活动。

（5）运动时的着装要适宜，服装面料应能吸汗、透气，一定要穿合适的运动鞋进行练习。

二、健身气功

（一）健身气功的健身原理

气功在我国有悠久的历史，它起源于人类生产劳动，有关气功的内容在古代通常被称为吐纳、导引、行气、服气、炼丹、修道、坐禅等。健身气功是在传统养生功法的基础上，博采众长以中西医、体育和相关现代科学理论为基础，创编的简单易学、形态优美，具有明显健身养生效果的现代气功新功法。其内容主要有“五禽戏”“易筋经”“六字诀”“八段锦”等多种功法。

（二）健身气功的健身特点

1. 动作简洁，利于习练

健身气功是在对传统养生功法进行挖掘整理的基础上编创的，其动作简洁，左右对称，平衡发展，既可全套连贯习练，也可侧重多练某一段落。健身气功运动量较为适中，属于有氧健身运动。习练者可根据自己的身体条件、健康状况，循序渐进地开始练习。

2. 全身运动，气血通畅

健身气功的动作体现了身体躯干的全方位运动，包括前俯、后仰、侧屈、探转、折叠、提落、开合、缩放等各不相同的姿势，对颈椎、胸椎、腰椎等部位都进行了有效的锻炼，从而使习练者气血通畅，增强体质。

3. 调整气息，宁心安神

健身气功的练习，在舒展肢体、活络筋骨的同时，可在功法上配以短暂的静功站桩，引导练习者进入相对平稳的状态和意境，以此来调整气息、宁心安神，起到“外静内动”的功效。

（三）健身气功项目介绍

五禽戏的动作编排按照《三国志·华佗传》记载，顺序为虎、鹿、熊、猿、鸟，动作数量上沿用了陶弘景的《养性延命录》中所述，为 10 个动作，每戏 2 个动作。功法蕴含“天人合一”的思想，符合中医基础理论及五禽的秉性特点。

健身气功五禽戏是在对传统五禽戏进行挖掘整理的基础上

编创的，便于广大群众习练。其运动量较为适中，属于有氧训练。练习者可根据自身情况调节每式动作的运动幅度和强度。

（四）健身气功健身注意事项

（1）健身气功虽然动作相对简单，容易学会，但要练得纯熟，必须经过一段时间的认真习练。因此，初学者必须先掌握动作的姿势变化和运行路线，搞清来龙去脉。练功必须由简到繁、由浅入深、循序渐进，只有这样，才能把基础打好，防止出现偏差。

（2）练习健身气功一定要根据自身体质状况来进行。动作的速度、步姿的高低、幅度的大小、锻炼的时间、习练的遍数和运动量的大小都应当好好把握。其原则是练功后感到精神愉快、心情舒畅、肌肉略感酸胀，但不感到太疲劳，不妨碍正常的工作和生活。

（3）由于健身气功练习时注重呼吸的“深”和“长”，因此对练习环境要求较高。在练习时一定选择环境优雅、空气新鲜、树木较多、背风向阳的地方。

三、散打

（一）散打健身原理

散打，又称为散手，是现代竞技体育项目之一，其前身是传统武术中的徒手格斗技术。作为一个体育项目，散打运动的身体对抗异常激烈，作为竞技项目是不利于大众化推广的，但是散打运动的内容和方法却对人体有较好的健身作用。实践证明，经常参与散打运动可以使骨骼变粗，骨密度增厚，提高了骨骼抗弯、抗压、抗折能力，并且可以改善血液循环，使肌肉工作能力得以改善。由于运动时人体能量消耗增多，新陈代谢加快，需要更多的氧气，所以呼吸肌就会加大收缩力量和幅度，从而使呼吸肌更加发达、肺活量增加。

（二）散打健身特点

（1）散打运动不但是比技术、比力量，更重要的是比智慧，所以经常从事散打运动的练习，不但能改善大脑的供血状况，使人保持清醒，还能使人的思维敏捷，应变能力提高，延缓大脑机能的衰退。

（2）散打运动是一项攻防技击性很强的运动项目，对于练习者的心理状态有很大的影响。长时间的磨炼，能够提高练习者的自信心和勇敢无畏的精神，能够获得在危急时刻沉着冷静、保护自身不受伤害的自卫能力。

（三）散打健身注意事项

（1）习练者根据自身的特点，合理地安排运动量和运动强度，充分做好准备活动。

（2）在平时的练习中注重力量、速度、协调及柔韧性等身体素质的提高。特别要采取针对性较强的辅助练习手段，来加强各个关节易伤部位和相对薄弱部位的训练。

（3）运动时要注意合理调整呼吸，注意动作与呼吸的配合，要有意识地控制呼吸频率，不能憋气。

（4）学习一定的运动医学保健知识，提高对散打运动常见损伤情况的认识，从而能及时采取行之有效的预防措施。

第三章　健身活动注意事项

第一节　养成健身好习惯

现代科技的日益发展，逐渐改变了人类传统的生产方式和工作方式。

技术进步的现代化成果取代了大部分的体力劳动；多吃少动的生活方式，使大多数都市人患上了“运动缺乏征”。都市人的大脑在“透支”，而肌肉却在萎缩。

觉醒了的人们逐渐摒弃了“健康只是没有疾病和虚弱”的旧观念以后，对于健康的新要求是：“身体上、精神上和社会适应方面的完美状态。”这似乎是个遥不可及的事情！

事实上，最可操作的方法就是：把体育锻炼作为生活中如同吃饭、睡觉一样不可少的事情，获得真正的健康与幸福。

一、日常健身小窍门

目前，都市中的许多人都忙忙碌碌，很少能够挤出时间去进行集中健身和去健身俱乐部练习，在这里向大家介绍几个健身窍门，既省钱又锻炼了身体，而且还不耽误日常工作和家庭生活，这就是一种随时随地、时时刻刻的健身之道。

1. 双脚勤走路

双脚勤走路的观念在美国很流行，这是因为走路这个方法既简单又方便还不花钱。通过双脚走路，不仅可以减肥，而且可以起到特别好的健身作用。

2. 随曲翩翩舞

许多人在自己家里欣赏音乐时，都喜欢静静地坐在沙发上或躺在床上，这使人感到轻松、舒适。但是，如果换一种方法尝试一下，则会有一种新的感觉。

这就是在欣赏音乐时，自己可以随着音乐节拍翩翩起舞。当然，这种跳舞不是指两人的交谊舞，而是根据自己身体条件、状况而自行创造的一种舞蹈动作。如果你喜欢轻柔飘逸的轻音乐，慢三、慢四步舞是较适宜的，如果你钟情于节奏欢快的舞曲，跳迪斯科将焕发你的青春活力。

如果每天在晚饭后 7：30—8：30 的这段时间里，放着音乐，舞动 30~60 分钟，相信这种随着音乐节奏的运动不仅会给你带来好心情，而且坚持下来一定会对身体有好处。

3. 家务欢娱干

许多每天忙于工作和家务，几乎很少抽出时间进行自我运动锻炼的都市人都在抱怨："给我们一些闲暇的时间吧！"其实如果调整一下思维模式，不单单把"干家务"这个主题理解为"干"字，而引申为"炼"字，那么，家务活动会给身体一个锻炼的机会。

"家务欢娱干"，就是在一种愉快的心情下，有条不紊地进行家务劳动。家务劳动包括的范围很广，不单是厨房工作，还有居室扫除、侍弄花草、收拾藏书等项目。因此，如果每天用 1 小时进行家务劳动，可以起到消耗更多热量的作用。

4. 全家总动员

双休日给每个人或每个家庭提供了休闲娱乐的时间，但是怎样科学利用这段时间，许多人有不同方案，这里给家庭提供一个"休息日全家出游"的计划。在周日，带上您的伴侣和孩子，驾车驶往风景优美的郊区，那里自然风景秀丽，空气清新，又远离繁华都市，是一个既欢娱又健身的好去处。

假日出游可以使家庭中每个成员得到好处，是一种省钱省时的健身运动。全家人可以去公园游园或划船，也可以骑自行车去郊区游玩，也可以去爬山。总之，如你想增加生活乐趣，就以健身为宗旨进行大胆想象。

5. 健身常交谈

在生活中，人们谈论的话题很多，时事、婚姻、家庭、教育、子女等问题都有，而“自我健身法”却谈论得很少。许多人认为“谈论对锻炼效果没有多大的作用”，其实交流“健身之术”是一种相互鼓励健身的好方法。如果我们每个人将每周锻炼（骑车、游泳、健身操等）时间长短以及摄取的热量告诉我们的朋友，我们的朋友再告诉其他朋友，一个健身主题就会得以传播，一种新的健身气氛就会充满了我们的生活空间。

像上述这种健身经验数不胜数，我们只要在日常生活中多留心、多观察，相互交流，运动健身就会常常伴随在你的身边。

二、5 分种早操带来美好一天

你或许在睡觉的时候有着好的意愿，你想在太阳升起的时候就起床出去散步。但是，在闹钟响的时候，你却按掉了闹钟，想再睡一会。接下来的事情你就知道了，你的散步时间被你的睡眠夺走了。

为了尽快地进入良好状态，迎接崭新一天的工作和生活，你需要在床上做一个小小的伸展运动。它可以帮你放松肌肉，让你的血液流通更加流畅。它可以让你在床上再待一会，然后起床。虽然这只花掉 5 分钟的时间，但这些运动可以让你感觉舒爽，更好地开始新的一天。赶紧来试试吧！

1. 膝靠胸运动

仰面躺在床上，双腿伸直，抬起你的左腿，把双手放在大腿后面抓紧。轻轻地把你的膝盖拉向你的胸部，直到你感觉到大腿背部轻微的拉伸。保持这个动作 5~10 秒。不要把你的手放开，抬起你的头，把你的前额抬向你的膝盖。再保持 5~10 秒钟，然后慢慢地回到初始位置。换你的右腿重新做。每条腿做 3 次。

2. 抱膝运动

把你的膝盖朝向你的胸部，把你的手臂环绕在大腿上。保持这个姿势5~10秒钟。然后不要放开你的手臂，抬起头，把你的前额抬向你的膝盖，保持这个姿势5~10秒钟，然后慢慢地放松，做3次。

3. 脊椎扭转运动

仰面躺在床上，膝盖弯曲，双脚平放在床上，双臂放在身体两侧伸开。慢慢地把你的膝盖放向你的左侧，同时眼睛看向你的右侧，尽量让自己感觉舒服，让你的肩膀贴在床上，上半部身体放松，保持这个动作5~10秒钟，然后慢慢地回到初始位置。换右侧重新做，每侧身体做3次。

4. 双脚蹬车

仰面躺在床上，两膝盖垂直于床面，两脚如同蹬自行车一样，在空中蹬数10次直到稍酸为止，放下后休息5秒，再蹬数十次。

5. 猫式伸展运动

跪在地上，双手撑地。把腹部拉向脊椎，头朝下，身体成圆形。保持这个动作做3次深呼吸。慢慢地放松，把你的腹部放向地面，弓起你的背，头抬起，眼睛看向天花板。保持这个动作，做3次深呼吸，然后回到初始位置，做3次。

三、偷点时间去健身

在这里给整日忙碌于工作，总是以“抽不开时间”为借口躲避健身锻炼的都市人开一张健身良方，您只要照方抓药就可以保持健康的体魄。这是一套防人体老化操，可在工作疲劳或工作休息时选择练习，每天找点空闲、“偷”点时间做两遍，好身体自然来。

深呼吸：两手由体前向上举，同时深吸气。然后由两侧放下手，同时呼气。重复2次，呼、吸气要缓慢。

伸展：两手手指交叉握。向头上高举，掌心向上，背部尽量伸展，重复数次。

高抬腿踏步：大腿高抬，两臂前后大挥摆，踏步数十次。

手腕转动：两手半握拳屈至胸前，向内、外转动各 4 次，重复两遍。

手腕摆动：两手自然微动，手腕放松，上下摆动 8 次。

扩胸：两脚稍开立，两臂由前向上举至肩平，向两侧屈，同时用力扩胸。然后放松回原位置，重复 4~8 次。

体转：两脚开立，手臂向外伸展，身体向外侧转，左右交替，反复进行。

体侧：两脚开立，左手叉腰，右手由体侧向上摆动，身体向左侧屈两次，左右交替反复进行。

叩腰：两脚并拢，身体稍前倾，两手叩打腰部肌肉数次。

体前后屈：双足开立，体前屈，手心触地面，还原至开始姿势，再将手置于腰处，向后屈，反复 4~8 次。

体环绕：双足开立，身体前屈，大幅度向左、后、右做环绕动作，接着反方向环绕，重复 4~8 次。

臂挥摆、腿屈伸运动：两脚并拢，两臂向前、向上摆，同时起蹲，再向下向后摆同时下蹲，重复 4~8 次。

膝屈伸：两脚微开立，两手臂于膝部，屈膝下蹲，然后还原至开始姿势，重复 4~8 次。

转肩：坐于凳上，两肘微屈，向前向后，由后向前各绕 4 次，绕动时转动双肩，重复 4 次。

上、下耸肩：两脚开立，或坐于凳上，两臂自然下垂，用力向上耸肩，再放松下垂，反复若干次。

转头部：两脚开立，叉腰，头部从左向右，再从右向左各绕几次。叩肩，叩颈：右（左）手半握拳，叩左（右）肩次，重复两遍。然后，手张开，用手掌外侧叩颈部，各 8 次。

上体屈伸：两膝跪立，上体向后屈，然后身体向前屈将背缩成圆形，同时呼气，臀坐在脚上。重复 4 次。

腿屈伸：坐在地上，两腿伸直，两臂手体后支撑，两腿交替屈伸，重复 4~8 次。

腹式呼吸：仰卧，两腿伸直，使横膈膜与腹肌同时运动，进行深呼吸，然后用手压腹部进行呼气。

四、两分钟也能健身

时间就像海绵里的水，只要挤，总还是有的。健身也同样如此，只要挤时间，总还是可以找到时间的。两分钟够短了吧，但也可以进行健身。

早晨醒来时，把枕头垫在背后，两手向后伸直并伸展身体；做仰卧起坐 3 次；把枕头垫在背后，收腹使脚尖越过头部和床面接触；手抱头，两膝弯曲并拢，轮流倒向左右侧，并使膝盖接触到床面，但两手不动仍紧贴床面。

穿衣服时，两手在背后相握，伸直手时的同时挺胸；上半身自然下垂，两手左右摆，同时腰部向左右扭转；两手抱头将头部下压，同时吐气，抬头时吸气。

穿好裤子做快速深蹲，两脚分开，与肩同宽，下蹲和起立时挺胸直腰，两手平举，两腿均匀用力，蹲要蹲到底，起要起得快。开始时轻跳几次，然后可换为原地连续轻跳，这样，既增强了腿部力量，同时还锻炼了心脏，提高心肺功能。

洗脸刷牙时，可以做颈部及上体的回转运动、体侧运动，双手向下尽力地进行屈伸运动，不断蹲下再站起的膝关节屈伸运动。

工间休息时，可坐在椅子上做臂部锻炼，背挺直稍离开椅背，两臂后伸于椅背的上方，然后抬起放下手臂，这可以锻炼臂部又可扩展胸部。

第二节　因时制宜巧锻炼

一、“零存整取”存健康

常有人说“没有时间进行锻炼”，但却常常轻易浪费时间。时间就像吸水的海绵，总是能够挤出一点水来。我们的口号是“每天运动一钟头，健康生活一百年”。

这里为您准备的运动时间套餐就是你的“时间银行”储蓄罐，活期、定期任你挑选。

“活期存折”——瞬间运动（一个单独动作）。运动就在一瞬间，你一举手，一投足，一抬头，一弯腰，都包含了锻炼的真谛。

在繁忙的工作中，挤出小小的瞬间，哪怕是做一个简单的动作，也能调剂一下紧张的神经，舒缓一下紧绷的肌肉，这其实是件十分惬意的事。抓住很短的时间进行运动，就如将零钱投入储蓄罐，办一个生命的活期存折。

1. “咬牙切齿”练嚼肌

咀嚼功能的副作用是锻炼头面部的肌肉，“牙好，吃嘛嘛香”是健康的重要标志。

古代健身方法中有“叩齿”的功法，下颌骨放松稍前伸，上下牙床是错位咬合状态，即上门牙尖对下门牙尖，咬合动作轻快，牙齿叩击作响。当口中有唾液积累时，做吞咽动作。练习可根据自己的习惯，采用“六叩一咽”或“十叩一咽”。

2. 闭嘴慢长深吸气

平时我们每分钟呼吸 12～18 次，每天要呼吸 8 000 多次。吸入 4 000 多升气体。

提高呼吸能力的锻炼，最好的、也是最简单的运动要数深呼吸了。或是坐在椅子上，或是站在敞开的窗户旁，慢慢地深吸气，感觉气体正渐渐进入你的肺部，体内充满了活力。然后同样慢慢地呼出，想象超脱此刻困扰你的所有东西，重复数次。

用鼻慢慢吸气、小腹微鼓屏息 5～10 秒，慢慢呼出或吐出废气，重复 10 次。

3. 鞋里“乾坤”脚自由

脚要好鞋马要好掌，脚是辛苦的器官。非洲有一位绰号“赤脚大仙”的姑娘，赤脚跑马拉松，还拿了冠军。

通常，脚是隐藏在鞋里的。脚秘密地在鞋里锻炼，脚趾并拢、脚趾分开、脚趾抓地、踮脚、跺脚、蹶脚等脚部动作，可以改善脚的血液循环，消除脚的疲劳，提高脚关节的活动能力。

二、“定活两便”几分钟

能够经常进行1~5分钟的运动，你就觉得充满活力，好像有了一个“定活两便”的存折，工作、生活、卖力气、出大汗不怕“囊中”羞涩。

1. *左旋右转健腰腿*

人老先老腿，腿老根是腰。

自从椅子发明后，人的坐位重心提高了，活动与歇息的转换频繁了。腿的功能退化，腰腿部肌肉萎缩了。加强腰腿关节肌肉锻炼是十分必要的。

以两脚心连线中点为圆心，以掌推腰，沿顺时针方向圆转旋动9圈，再沿逆时针方向圆转旋动9圈。旋动时上体随腰胯的转动自然俯仰，双脚保持不动。圆转腰跨过程中自然呼吸。

以脊柱为中轴，以头引领身体向左后方缓缓转动至最大限度，停顿片刻，再缓缓回转，至正前方时仍旋转不停，向右后方继续转身至最大限度，停顿片刻，再回转。如此反复3遍。

转动身体时，目光随之向左右后方远视，注意头颈，身体保持正直，不弯腰，双脚不要移动。

向后拧转时吸气，复原还中时呼气。左右均同。身体还中，目光平视，意守两肾。双手扶腰部，上下揉摩21次，意注双掌。按摩完后双手自然由体后下落，回归体侧。

2. *匍匐支撑缓爬行*

猫的动作特点是轻巧，四肢用力协调。人类直立行走后，不再做屈膝爬行动作。上肢支撑力量减弱，下肢拉动力量减弱是人类的通病。适当地做一些爬行动作，可以提高身体的灵活性和协调用力能力。

练习者跪于地板上，双手支撑身体，抬头挺胸，塌腰，臀部上翘，腹部紧张，坚持5~7次呼吸，然后，缩头收胸、收腹，腰背隆起，如懒猫弓腰，持续2~3次深呼吸。然后，在地板上爬行，自己想像模仿各种四肢动物的动作，同时也擦干净了地板。

3. 反躬拍踵还颜童

双足稍分开，自然站立，屈膝，上体后仰，用两手指尖触脚跟，看看自己能否摸触到。如果做不到，首先用手拍打自己的臀部，而后拍打大腿背面，进而拍至膝关节后，再进一步拍摸到小腿肚子处，最后才达到能摸触到脚跟，循序渐进地练习，最终能够使自己摸拍到脚跟处。

如果身体柔韧性较差，此练习也可采取先用左手或右手单侧拍摸脚后跟的方法进行，以减小动作难度。待单手可以触摸到脚跟之后再用双手同时进行。这个练习有一定难度，应循序渐进地练习，开始练习时，也可增加两脚之间的距离。

作用：提高躯干背肌的柔软性，拉长大腿前部的肌群。

第三节　因地制宜动起来

根据健身的环境划分，有室内健身方法和户外健身方法两大类。可以根据自己的情况选择参加室内和户外健身活动，最好是两者结合。

下面分别介绍室内健身方法和户外健身方法的好处和不足。

居室小，天地宽，活动空间任你选，练就一副好身手，因地而动不受限。有的运动必须精心挑选运动的场所，健身运动则可以因地制宜，随遇而安。

长时间看电视对健康有不良影响。边看电视边运动，也是一种不错的选择。

一、边看电视边锻炼

除了“大鹏展翅”的飞翔外，还可以做以下动作：

1. 双臂上举

动作做法：坐姿，两臂上举，两手交叉握，掌心向上向后上方振臂，幅度由小到大，16次，同时向前、后方向绕环8次。

作用：提高肩关节的活动范围，预防颈椎病和肩周炎。

2. 左右转体

动作做法：坐姿，两手扶后脑，肘关节外展。上体向左转90°，还原，向右转90°，还原，8次，两组。

作用：提高脊柱纵向转动能力，激活交感神经，调节胃肠功能。

3. 压腿练韧带

动作做法：站在椅子背面，距离1米左右，右腿伸直，置于椅子背上，左腿直立，手扶小腿，上体向前下压8次，向左转体90°，两手叉腰，并且上体右侧屈8次。然后换左腿，两组。

作用：提高人体脊柱和髋关节的活动范围，预防腰腿病。

4. 举腿收腹

动作做法：坐姿，两腿并拢前伸，两腿屈膝，大腿上抬，尽量靠胸，还原，16次，2组。

作用：增加腹肌的收缩力量，提高背部肌群的伸展能力。

二、客厅也是健身房

现在的居家房屋结构，厅大卧室小，厅成了家庭成员公用活动空间。厅内的各种家具都可以转变角色成为锻炼器具。木质地板胜似体操馆，你可以随心所欲做各种室内锻炼，如瑜伽、舍宾、徒手操等。

三、席上也能勤锻炼

早上起床之前用十几分钟时间做各种平卧的运动。

1. 骶椎功

预备势：身体舒展仰卧，面含微笑，双手自然平放两侧，两脚间隔1厘米，腰部两肾区横垫一毛巾卷（1.5~2厘米厚），然后自然深呼吸3次，全身放松。

起势：上肢不动，不能屈膝，从胯部发力，脚跟部配合，左右两腿交替向下蹬 2~3 厘米，蹬左腿时，向上拉右腿；蹬右腿时，向上拉左腿。要慢，使骶椎充分受力。每次蹬拉，不低于 3 秒钟。开始练习时，要防止过分紧张，以免拉伤肌肉。体力不足时，中间可以休息。开始时，可蹬 50~60 次。以后可逐步达 200~300 次。

作用：骶椎处于脊柱的下部，受压力最大。练此功可以兴奋盆腔神经丛，有利于所属器官功能恢复。

2. 腰膝双动功

预备势：与前势同，但腰部不垫毛巾卷。

起势：上肢仰卧不动，两腿屈起，两膝并拢，两脚放于臀部后不动，然后右膝上拉，左膝向下拉。这样两膝交替上、下拉动，带动臀部向左右摆动，从而使腰部受到刺激，兴奋与之相连的交感神经纤维。

练功次数：可做 100~200 次。此势卧功，同前势骶椎功的功效正相反，不能同时做。

主要作用于腰椎，使腰椎第一、第二、第三节椎间孔所发出的交感神经兴奋，调整器官的功能，从而治疗有关疾病。

3. 两头起健腹

预备势：与前势同，要在腰部垫毛巾卷。起势：全身放松，如站功中吐纳一样，缓缓抬起双肩，向前、向上，拉起肋间外肌，慢慢地吸气，同时要提肛，然后双肩向后，向下旋转，并紧臀，收腹，即借双肩下旋之力，主要靠收缩腹肌之力，以臀部为中心，使上肢缓缓翘（30 厘米），下肢翘起 20 厘米左右，然后缓缓落平。双手不动，不能帮助用力。吐气有 3 种方法：一是翘时屏住气，加大膈肌对腹腔的压力，有利于按摩腹腔，但也会使血压增高。血压高及初练者慎用。二是翘起时用力收缩膈肌吐气，对脑血压无影响。三是吐气时收缩喉部肌肉，利用吐出的气流，锻炼喉部及气管，有利于呼吸道的健康。此势开始可做 8~16 次，逐渐增多。中间可以休息，不能太累（孕妇忌练)。

此功同骶椎功和腰膝双动功配套，前两势从不同部位解决植物神经紊乱，此势既有调解神经作用，又有锻炼腹肌功能和按摩腹脏的作用。

4. 腿脚伸抖动

预备势：全身仰卧于硬床上，做3次深呼吸，使呼吸调匀，面含微笑，全身放松。

起势：上肢不动，右腿屈起踩住，左脚举起70°~90°，用力抖动2~3分钟。然后暂下落，与右脚互换举起抖动。时间以自己体力为依据，一般10分钟左右。

如有可能，也可以双脚、双手同时举起抖动2~3分钟，臀部最好垫起3~4厘米，可使举起省力。此势是专门为改善血液循环，特别是加强毛细血管的微循环而设计的。

四、户外运动要经常

室外包括各种室外公共场所、室外运动场所和自然山地、河畔、乡村田野等。在室外你能够享受更多阳光、空气和绿色。若选择良辰美景，举家出游几日，则是十分惬意的。下面分别介绍几种室外锻炼的方法。

1. 随时随地能健身

(1) 单足站立练上身。当你在公交车站等车时，可进行单足站立。

作用：单足站立时，使上臂部肌肉及腹肌得到有效锻炼，而且也加强了股四头肌的锻炼强度。为了保持身体平衡，躯干肌也紧张起来参与其中。需要注意的是，动作要小，提腿要低，交换腿要频。

(2) 闲暇等候几分钟。当你在排队购物、闲待在车中或在医院候诊时，可进行塑臀运动。

练习时，臀肌一紧一松，连续做1分钟，时间充裕也可多做几遍。臀部运动结束时，再做收腹运动（使肚脐缩向脊柱），坚持30秒钟。这样会使深部腹肌也得到锻炼。

(3) 公交车上不放过。如果您上了一天的班大部分时间是坐着，在公交车和地铁里没有座位或让给老人座位时，您不吃亏，可以紧抓车顶横杠把手，既保证安全又可以做力量训练。两手拉住，时时悬挂全身重量，拉伸脊柱或用力握紧把手，上肢肌肉使劲收缩，提踵踮脚，提肛收腹。

2. 公园操场最适宜

(1) 目前推崇健身走。"健身走"是对坐姿的革命，比跑步安全，因为跑步时脚底落地对人体产生的冲击力是体重的2~4倍，有可能使肌肉、韧带拉伤。而步行所产生的冲击力仅为体重的一半，能有效地缓解肌肉、关节因得不到锻炼而导致的僵硬、萎缩、疼痛等症状。

健步走是一种简易户外健身活动，但它不是一般意义上的走路和散步。

走路（徒步）健身的要点：

走路速度：达到110~130步/分的中快速，或达到每小时6~8千米的速度为最佳。

年轻人可以采用快速健步走（2~2.4米/秒）；中年人中速健步走（1~2米/秒）；老年人则用慢速（0.5~1米/秒）。

运动总量：每天至少5 000步（3~4千米），最好至10 000步（6~7千米）。运动强度：心率90~120次/分为宜，不超过150次/分，可以连续说整句话。至少身上有微汗。

持续时间：至少每天走3次，每次15分钟；或以每小时3千米的速度步行1.2~1.5小时；或连续走30~60分钟/次/天；运动频度：每周至少走3~4次，最好每天走。

走路姿势：类似于竞走的动作。快速行走时抬头、挺胸、沉肩、屈肘、收腹、屈腿、伸膝、健步抓地、左右上臂随步速，前后摆动。

(2) 特殊动作变化多。身体重心随脚后跟—脚外侧小脚趾—大脚趾顺序移动，如同滚鸡蛋样，整个脚掌均匀受力。

昂首挺胸，大步流星，摆动双臂。一般快走的步幅为身高的1/3；强力行走的步幅稍小于身高的一半。

配合呼吸：边走边注意进行大幅度的腹式深呼吸。

变换坡度：在平路与坡度交替走，坡度在15~30°为宜。

选择环境：在新鲜空气中和斜阳下健步走为最佳。风、雨、雪天、温度低不适合，人多、道路坚硬不适合。

合适的装备：鞋小于体重1%，后跟与地面夹角30°；前部宽松、柔软、弹力、透气。衣服宽松、透气和吸汗。

注意：除饭后半小时以内不宜步行（饭后要保证胃肠道充分的血液供应以消化食物）之外，其余时间均适于步行。

（3）倒走有趣也有益。一是倒走可以预防驼背，倘若常做倒走锻炼，就可让腰部肌肉保持节律的收紧和松弛，由此获得改善腰部血液循环、组织新陈代谢、防治功能性腰痛之功效。二是可以增加膝关节的承受力，锻炼膝部的肌肉和韧带。三是倒走时锻炼主管平衡的小脑，增加与提高身体灵活性及协调功能如果在慢坡上倒走，对您腿部后群肌肉的锻炼可是事半功倍呀！

（4）古老站桩有新意。在公园选一块平地僻静处，面冲树林，背对阳光站立，两脚分开约大于肩宽，双手合掌，指尖朝上，低头闭目，沉肩坠肘，身体慢慢下沉，屈髋屈膝成坐姿站立，保持姿势2分钟。放松3分钟后，按上述动作重复8~10遍。大部分人应该用高位马步为宜，膝关节弯曲角度在110°~130°，弯曲的膝盖头与地面的垂直线不超过脚尖。

（5）“赤脚大仙”卵石走。古代对赤脚走路的体育疗法早有记载，今日还有所谓“足底反射”学说。

由于脚底有着与内脏器官相联系的感觉区，光着脚走路能使足底肌肉、韧带、神经末梢及穴位尽量与地面的沙土、草地以及不平整的卵石面接触，这样敏感区受到刺激，将信号传入相对应的内脏器官及相关的大脑皮质，最终达到强身保健和康复的奇效。

儿童和骨质疏松发病率较高的老年女性注意不要走在锐利的卵石上，以免发生骨折。

第四节　运动伤害　防患于未然

一、谁最容易在锻炼中受伤

（一）爱好运动的年轻男性经常受伤

运动不足会得文明病（如肥胖、高血脂、高血压等），运动过度或不当又会损伤肌肉、韧带和关节等运动器官，或者患过度训练综合征，“适度运动”可是个难题。

年轻男子选择运动大多是凭兴趣出发，而不考虑安全与效果。比如，现在业余踢足球的年轻人多起来是好事，但他们容易模仿各种专业动作和激烈拼抢，既不充分做准备活动，运动中也不会保护自己，无谓的受伤必然增加。而且每周一次运动间隔过长，每次运动 3 小时又过长，准备活动不充分，对运动器官和心脏的刺激弊大于利。

（二）年轻时喜欢运动的中老年人最容易过量

对于年轻时喜好体育运动，但停止多年后又重操旧业的中老年，出现运动过量的问题并非少见。很多老年人自恃年轻时是运动员或者运动高手，自认为运动基础好，兴趣盎然地和年轻人一起练瑜伽、打篮球、从事激烈活动，造成运动过量，把原有的腰椎间盘突出、心脏病都给练犯了。

心理年龄年轻好处是很多的，但坏处是逞强好胜，容易忘记身体、骨骼心脏等器官的实际生理年龄，去做不合时宜的事情。建议老年朋友们还是做安全、有效的舒缓运动吧！

二、在锻炼中预防健身伤痛

由于缺乏健身锻炼的相关知识，自我保护意识差，一些健身者在锻炼中常常出现肌肉疼痛、韧带拉伤、关节损伤的状况。那么，该如何预防这些伤痛呢？

（一）充分热身

俗话说“磨刀不误砍柴工”，热身运动可促进人体的血液循环，使肌肉韧带和关节温度升高，既能提高关节与韧带的活动范围和能力，又可减少肌肉的粘滞性，从而提高肌肉的收缩与伸展能力。这是提高锻炼质量、预防运动损伤不可或缺的关键环节。

热身方法：

（1）热身运动时，除了常规的从头至脚的徒手热身方式外，身体各部位的关节、韧带、肌肉也要进行充分的活动，还可借助跑步机、健身车等进行较低强度的有氧运动。

（2）全身热身后，要进行局部关节、韧带和肌肉的针对性活动。比如当日主要练肩，那就要对肩部进行针对性的热身，如用高位拉力器做颈前或颈后下拉，前、后各做1~2组，用轻重量，每组做15次。

（3）热身运动一般以10分钟为宜，冬季可稍长些，约15分钟。热身时间不宜太短或太长，太短热身不充分，容易出现运动损伤；太长体力过早消耗，影响正式锻炼。

（二）整理放松

锻炼后的整理放松运动也是必做的。它能使人体从运动状态平稳地回到安静状态，有利于偿还“氧债”，加速乳酸等废物的排除，快速消除疲劳，促进机体恢复。

整理放松方法：

（1）慢跑5~10分钟能全面促进机体恢复；练完大腿骑5~10分钟阻力较小的健身车，既能缓解大腿肌的紧张状态，又能恢复肌肉弹性。

（2）反方向拉伸练习：在健身锻炼结束时，适当安排与训练部位方向相反的肌肉拉长和伸展练习，对加速肌体恢复和预防运动损伤大有裨益。譬如，肩、腰部练习结束时，做单杠悬垂、提膝或前后摆动等放松练习，可迅速减轻肩腰部关节、韧带和肌肉的压力和酸痛，促进肌体恢复。

三、伤了也别慌

锻炼是很开心的事，但遭遇运动损伤，就乐不起来了。很多健身者都缺乏运动训练卫生知识和出现运动损伤后的应急措施，痛苦难免，严重者甚至导致终身遗憾。下面就让我们来具体了解一下，在运动中遇到各种损伤究竟该怎么办？

（一）关节肌肉疼痛

开始学习某些新的运动技能的时候，可能会缓慢出现关节或肌肉的疼痛。要区别是一时反应性的肌肉酸疼，还是关节内软骨、黏膜或韧带出现损伤。无论是哪种情况，都不应该重复受伤的运动动作，否则将会加重损伤。应该休息观察，一般的反应，休息2~3天就会明显减轻，而损伤较重还会持续疼痛，这时应该看医生，不应该道听途说或自行采取错误方法，以免延误病情的诊治。

（二）擦伤

皮肤的表皮擦伤部位较浅，只需涂红药水即可；如擦伤创面较脏或有渗血时，应用生理盐水清创后再涂上红药水或紫药水。

（三）肌肉拉伤

肌纤维撕裂而致的损伤，是由于运动过度或热身不足造成。一旦出现痛感应立即停止运动，并在痛点敷上冰块或冷毛巾，保持30分钟，以使小血管收缩，减少局部充血、水肿。切忌搓揉及热敷。

（四）挫伤

身体局部碰撞而引起的闭合性软组织损伤不需特殊处理，在伤后6个小时内冷敷，第三天开始热敷，约一周后可吸收消失。较重的挫伤可用云南白药加白酒调敷伤处并包扎，隔日换药一次，每日2~3次，加理疗。

（五）急性腰扭伤

首先明确诊断，是肌肉韧带扭伤或小关节紊乱，还是腰椎间盘突出。如果仅仅是腰肌扭伤可让患者仰卧在垫得较厚的木床上，腰下垫一个枕头，先冷敷，后热敷。关节扭伤踝关节、膝关节、腕关节扭伤时，将扭伤部位垫高，6 小时内冷敷，2 天后再热敷。要明确韧带是否有断裂，是否需要及时手术。如仅仅是扭伤，局部肿胀、皮肤青紫和疼痛，最好到医院作理疗。也可用陈醋 250 克炖热后用毛巾蘸敷伤处，每天 2~3 次，每次 10 分钟。

（六）脱臼

关节脱位一旦发生，保持安静、不要活动，更不可揉搓脱臼部位。如脱臼部位在肩部，可把患者肘部弯成直角，再用三角巾把前臂和肘部托起，挂在颈上，再用一条宽带缠过脑部，在对侧做结。如脱臼部位在髋部，则应立即让病人躺在软卧上送往医院。

（七）骨折

骨折后肢体不稳定，容易移动，会加重损伤和剧烈疼痛，可找木板塑料板等将肢体骨折部位的上下两个关节固定起来。如一时找不到外固定的材料，骨折在上肢者，可屈曲肘关节固定于躯干上；骨折在下肢者，可伸直腿足，固定于对侧的肢体上。

怀疑脊柱有骨折者，需早卧在门板或担架上，躯干四周用衣服、被单等垫好，不致移动，不能抬伤者头部，这样会引起伤者脊髓损伤或发生截瘫。昏迷者应俯卧，头转向一侧，以免呕吐时将呕吐物吸入肺内。

怀疑颈椎骨折时，需在头颈两侧置一枕头或扶持患者头颈部，不使其在运输途中发生晃动。

四、远离运动中暑

运动时的中暑有热射病、日射病和热痉挛 3 种情况。

热射病是发生在高热环境中的一种急性疾病。如果运动时间长，运动强度大，体内产热很多，那么热量就积累起来，其结果使体温明显升高，有时可升至41～42℃，从而影响生理功能，再加上高温环境下体内水盐代谢失调，就会引起热射病，热射病的症状轻重不等。轻者仅呈虚弱状态，重者有高热和虚脱。同时可引起昏迷，体温高达41℃以上，脉搏极快而呼吸短促，严重者可因心力衰竭或呼吸衰竭而死亡。

热射病因运动时日光直接照射头部引起的强度反应，表现为呼吸和周围循环衰竭现象，体温升高可能不明显，出现头痛、头晕、眼花、兴奋性增高，重者可昏睡。表现为脉搏细、频速、血压降低等。

由于天热锻炼时盐类丧失过多，引起肌肉兴奋性增高，体温上升，脉搏、呼吸加快，发生肌肉疼痛和痉挛者，称为热痉挛。

以上3种情况容易发生在天气开始炎热时，锻炼者要高度警惕。

第五节　不同劳动强度的健身

一、体力劳动者也要重视体育锻炼

体力劳动者的身体就一定是健康的吗？非也。公布的2005年国民体质监测结果显示城乡人群的体质水平差距不小，一定程度上说明乡村里从事体力劳动多的人群不见得体质好。

在一项环卫工人的体质测试中，为了测试安全起见必须测试安静血他们超出正常标准的人却相当多，而且相当高。其中有一个不到35岁的男子达到200/230毫米汞柱，而且最糟糕的是他自己没有任何头晕头痛的感觉，也不知道自己有高血压。目前体力劳动者的高血压发病率并不比脑力劳动者低，经常测量血压是防治高血压的最重要步骤！

他们的工作劳动强度属于较重等级，每天要有5～6个小时在不停挥动大笤帚扫马路，至于搬走石头，铲走泥巴比扫一般垃圾还要费力。还有一部分是司机，每天开着重型大车运送垃圾，体力活动没有扫马路的强度大，但是每天处于精神紧张劳累状态。生活方式的主要问题除了睡眠生物钟紊乱（清晨 3 点起床干活）之外，抽烟喝酒吃肉后睡觉是大部分人采用的休息放松的方式，能用体育锻炼方式来缓解疲劳的人太少了。这种情况在为单位的电工、水暖工、炊事员测试时大同小异。

体力劳动中使用的是部分肌肉重复一种动作，局部肌肉疲劳，精神也疲劳，与体育锻炼的目的、方法和效果是不同的。要学会用适当的体育锻炼来缓冲劳累。经常测量血压和及时用药，腰围臀围都超过 85 厘米者必须要控制体重并减肥，改正喝大量高度白酒的习惯，逐渐降低酒的度数，并减少喝入的量，减少吃涮羊肉和烤羊肉串的次数和量，猪肉的摄入量也要控制。

二、重体力劳动者的健身均衡

长时间从事重体力劳动的人群，这里包括农民、农民工、装卸工、翻砂工、机械修理工等多种重体力职业，同样需要经常参加体育活动。

从表面上看，重体力劳动者身体强壮，不需要什么锻炼。但是，事实恰恰相反，他们特别需要体育锻炼。这里有两个充分的理由。一是各种方式锻炼，可以消除体力疲劳，补偿职业用力习惯产生的肌肉非均衡性发达；二是预防腰肌劳损和劳动性肌肉拉伤。

（一）秧歌村村扭起来

扭秧歌是我国北方民间吉庆时的舞蹈节目，现在发展成为集文化、娱乐、锻炼为一体的集体活动项目。

秧歌是乐、舞、技三者结合的典型，其历史久远，形式多样。

秧歌起源于插秧耕田的劳动生活，它结合了古代民间武术、杂技以及戏曲的技艺与形式，群众随着秧歌队进入其内，观赏各种秧歌表演，此活动有强身健体的作用。

拔河是一种古老的建筑劳动技能。古代劳动人民在搬运重物时，用浇水结冰的方法做成冰道，将重物体在冰上拖动，达到省力和升高物体的目的。在群体协力中，形成了拔河比赛运动项目。

拔河比赛的器材是一根粗长的大绳，绳粗9~11厘米，绳长28米，绳的中心系上红色绸带。场地长方形：50米× 30米，平坦的硬质土地。在场地中心，画3条与长边垂直的平行线，线间距离为2米，中间的线是中线，又称为开始线，两边的是边线，又成为目标线。

比赛开始时，使绳绷直，将红绸带置于中线位置上方。统一听哨声后，双方用力对拉，当绳向自己方向移动，红绸带越过己方的目标线者获胜。

拔河比赛要求双方参加人数相等，一般各在8~16人，比赛前双方参赛者称体重，参赛队总体重差应该不超过50千克。同队队员成麦穗状排列在绳的两侧，按体重和身高大小顺序，较小排在前，较大者排在后。准备拉绳时，脚与地面成锐角，身体向己方倾倒。发力时要同时一致。注意参赛人员是健康者，并且在参赛之前做好准备活动，以免发生意外。

（二）掰掰手腕比力气

掰手腕是一种流行的简单角力运动，使用的器具是1个桌子和2把椅子，角力者双方相向而坐，同时，将右手放在桌上、屈肘、对掌互握。比赛时，谁将对方的手腕、肘关节掰直，并压向己方桌面者，获胜。

（三）“颗粒归仓”决胜负

参赛者在规定的时间内，谁先将地上的粮食（每组地上的同样粒数的绿豆、玉米豆等）全部一粒粒地捡起来，就是“颗粒归仓”的胜者。在捡的过程中，需要不停地做弯腰、蹲起、转身、移动、伸手、捻拾等动作，锻炼全身各部位肌肉关节的柔韧性。

第六节　多健身控体重

一、中青年男性超体重多

2005年体质监测成年男性体质优良率同比2000年增加了0.8个百分点；女性同比2000年增加了10.6个百分点。可见男性体质增长的幅度大大低于女性。

青年男性的肥胖率增长比其他年龄段和性别都要快，这就意味着男性在这个年龄段的疾病高危因素要比其他人多，得冠心病、脑卒中的概率高，当然猝死的概率也高！

★ 2006年国家大众体育科研人员痛失一位精英，年龄不到40岁的颇有造诣的研究员在讲学时，突发动脉瘤破裂而猝死他乡。这样的情况先天血管畸形的可能性很大，大多数事先毫无征兆、防不胜防，平日健康体检也不大可能通过全身动脉造影早期发现。

但是另一种情况，如果有未发现的高血压病长期未能控制，在动脉血管中就存在如此隐患，激动劳累使血压升得过高，就可能导致血管破裂，破在大动脉血管当即毙命，破在大脑中导致脑卒中。平日疏于血压的监控，缺乏减轻精神压力以及锻炼心血管系统的体育运动，都会增加意外发生的可能。

★据报载一位年轻男士平日体健，为单位组织爬香山（海拔700多米）提前探路，爬到香炉峰发作心脏病，待医务人员赶到时已经心跳呼吸停止而猝死。

★某单位预约做体质测定，原因是近几个月来连续有3位中年男士突然猝死。领导们非常重视大家的健康问题，通过测试让大家重视自身的素质，并且开始锻炼。

二、心血管功能水平不高

国民体质监测测试体质中，最能反映心血管功能水平的台阶试验是要按节奏上下台阶3分钟，然后记录运动结束后3次脉率，计算出心功能指数。其水平分为5分、5分优秀、4分良好、3分合格、2分不及格、1分差。

心跳越快和恢复越慢的人分数就越低。对于大部分人来说台阶试验结束以后1分钟的脉率小于140次/分，少部分正常人可以达到150~160次/分。如果脉率达到180~200次/分或频发节律不齐就属于病态了。这样的测试运动强度还在有氧水平，但属于中等，梅脱5~7。对于经常锻炼的人来说，走完台阶即便心率达到较快，但恢复很快，自我感觉也不会太累。缺乏锻炼的人3分钟上下台阶觉得非常累，几乎走不下来了。

在测试中看到的中青年里，心功能减退的人大有人在。有些人测试完台阶试验脸色苍白大汗淋漓，心动过速，甚至心律失常。

三、减肥定要讲科学

适量增加运动或体力活动的热能消耗，小量限制膳食热量尤其结合限制脂肪及饱和脂肪酸的摄入量，是国际公认最好的减肥处方。如果在不减少热量摄入的情况下保持每周1 600千卡(1千卡=4.19千焦，下同）的运动消耗（每月6 000~7 000千卡)，体重每月可减1千克。

1. 适量增加运动

运动可调节能量平衡，调节脂肪代谢和影响脂蛋白的基因表达，并在一定程度上有力地抗衡肥胖遗传基因的影响，减少胰岛素抵抗是减少慢性病危险因素的重要环节。

减肥锻炼每一次40分钟才有效，“20分钟运动可以预防肥胖”，主要是针对超重和还没有胖起来的人。已经属于肥胖的人至少需要40分钟以上的运动，才能有效动员身体脂肪释放热量，从而减少体脂。

患者减肥运动与一般的健身活动比较，运动时间要延长，以便更多地消耗能量；但对于原来是静态的生活者，起始可先一日内进行常规的30分钟生活活动，逐渐增加规则的文娱和闲暇的体力活动，再进行促进心、肺耐力的一些有氧运动，如快走、慢跑、游泳、打球、爬山、骑车等。

2. 小量限制膳食

如果除了增加运动外，还将炒菜油和动物脂肪摄入保持最低需要，每天可能减少摄入热量 300~400 千卡，体重每月可以减 2~3 千克，或不超过原体重的 5%。减体重若超过这个限度会带来体质或抵抗力下降的副作用。

对于那些确实体重超重或肥胖的中青年人需要科学减肥。原则如下：

（1）“平衡膳食，合理营养”是基础，能量供给负平衡。减肥的人总是说要少吃主食，其实不够准确，总体的三大营养素配比还是要合理。蛋白质占总能量的 10%~15%，碳水化合物占总能量的 55%~60%，脂肪占总能的 25%~30%。一个重要的公式是：减重 1 克需负能 8 千卡（或 7 大卡或千卡），就是说要在一周内减重 0.5 千克 250 克）就需要减少 16.73MJ（250 克×消耗 8 千卡/克脂肪＝4 000千卡）能量摄入，每日减少 2.51 兆焦（600 千卡）即相当于减少主食 150 克。

（2）食物供给提倡用粗粮代替精制粮，避免高脂食品和油炸食品。如减肥者有需求可适当吃点单、双糖（不超过总能量的 5%），但不提倡。

（3）为防止及延缓慢性并发症的发生，食物中蛋白质摄入量应结合肾功能状况，脂肪摄入要重视饱和脂肪与多不饱和脂肪配比，及胆固醇的量以减少心血管并发症的产生，钠量控制以防高血压等。

（4）维生素、无机盐摄入与正常人相同，合理的平衡膳食一般不会引起微量营养素的缺乏，但在极低能量膳食或饮食限制严格时等可能造成缺乏，可适当补充药物片剂。

（5）进食不宜少食多餐，要做到定时定量，大多数患者宜一日三餐。肥胖患者积极饮食治疗并不意味着吃得越少越好。若想靠不合理节食来降低体重是不科学的。况且人体每天必须补充一定量的营养素，才能维持人体正常的生理功能。肥胖患者也不例外。

四、制订一份合理的健身计划

小王的阶段性健身计划：男性公务员小王 39 岁，台阶试验不合格 2 分，体重达到肥胖（170 厘米高，体重 90 千克），体脂肪 30%和血脂偏高。其他健康体检指标基本正常。

第七节　老年健身要科学

一、老年健身是晚年生活幸福的保障

有一个观点得到专家与大家的赞同：老年人应该力求在有生之年把依赖他人生活的时间缩短在一年之内。这就是说，能够完全靠自己起床、穿衣、站立、上厕所、走动数步、吃饭等生活自理是保证我们生活质量的基本条件。

要想高龄之年还能保证基本生活自理，最好从年轻时候就做到科学健身。如果年轻时候已经忽略了运动健身，也没有关系，科学家早就证明：

无论从什么时候开始锻炼，都会有效。

有一组 80 岁以上高龄的老人，在专家指导下用一条腿做力量练习，另一条腿不做，2 个月后训练的那条腿肌肉的基因表达发生良性变化，肌肉纤维变粗。而另一条没有训练的腿无变化。

这就说明即使高龄老人运动也会有效果！但是更加需要讲究运动的科学性、安全性。每天快走 1 个小时，少吃猪肉少放油。

二、老年健身科学当先

（一）老年人健身离不开科学指导

从社会学、心理学的角度来看，老年人的体育活动应采取一定的组织形式，以使更多的人在一起锻炼。如组织各种体育运动协会，或自发组织各种身体锻炼小团体。这样既便于老年

人相互交往、互相帮扶，也便于其交流锻炼经验，收到最佳的锻炼效果。防病和治病是老年人锻炼身体的主要动机之一，因此体育锻炼与其防病和治病结合起来，才会吸引更多的老年人参加。各种医疗体育、保健体育、武术气功等之所以备受老年人欢迎，就是这个原因。

老年人的身体锻炼要有一定的医务监督，自已也要养成定期进行医务监督的习惯。老年人的身体锻炼，不在于追求运动成绩，主要在于维持已有的身体机能，因此健身锻炼的方法要简单，锻炼的条件也不要苛求，在庭院、公园、楼前屋后空地都可。

限于身体条件，老年人不宜选择复杂、激烈的运动项目，重在动作轻缓、时间稍长、强度小的运动。最好能每天进行一次身体锻炼，每次锻炼后以不疲劳为宜，并在此基础上逐步养成锻炼习惯。

（二）老年健身注意事项多

老年人健身锻炼类型应灵活多样并注重康乐。太极拳、扭秧歌、跳老年迪斯科、打门球、做体操均可，步行也是很好的体育锻炼方式。70 岁以上老年人坚持每天步行 30 分钟以上，对男性的骨矿物质含量、心肺功能和女性的肌力和心肺功能都有明显好处。

老年人如在清晨健身锻炼，运动量应小一些。人们习惯于清晨运动，但早晨交感神经兴奋性较高、冠状动脉张力高，血液浓度较高，因此无痛性心肌缺血、心绞痛、急性心肌梗死发作和猝死发病也多在早晨 6：00—10：00，因此应尽量选择太阳出来之后和下午活动为妥。

维持体力活动的健康效果有赖于长期坚持。一般停练数周后这种效果逐渐消失，至于生病或在酷暑严寒季节，应暂时停止健身锻炼。

（三）老年锻炼五原则

老年人参加体育锻炼，除选择较小负荷的项目以外，还应量力而行，持之以恒，同时还要遵循世界卫生组织发布的以下有关老年人锻炼的五项指导原则。

1. 重视有助于心血管健康的运动

如游泳、慢跑、散步、骑车等。专家们认为，鉴于心血管疾病已成为威胁老年人的“第一杀手”，老年人有意识地锻炼心血管就显得格外重要。为保证心血管确实得到有效锻炼，专家们建议有条件的老年人每周都应从事3~5次、每次30~60分钟的不同类型运动，强度从温和至稍稍剧烈，这也就是说，增加40%~85%的心跳频率。当然，年龄较大或体能较差的老人每次20~30分钟亦可，锻炼的效果就差一些。

2. 重视重量训练

以前的观点是老年人并不适宜从事重量训练，其实，适度的重量训练对减缓骨质丧失、防止肌肉萎缩、维持各器官的正常功能均能起到积极作用。当然，老年人应选择轻量、安全的重量训练，如举小沙袋、握小杠铃、拉轻型弹簧带等，而且每次不宜时间过长，以免导致可能的受伤。力量训练包括静力训练，如金鸡独立、高位马步静蹲等是老年人不可缺少的力量练习。

3. 注意维持体能运动的“平衡”

适度的运动对老年人很重要。但没有哪一项单一的运动项目能把体能全部内容都练习到。体能运动的“平衡”应包括中低强度的有氧运动、肌肉韧带的伸展练习、动力和静力的力量训练等多种方面的运动。搭配内容则视个人状况如年龄、疾病、原有的身体素质水平等因素。

4. 高龄老人和体质衰弱者也应参与运动

传统的观念是高龄老人（一般指80岁以上）和体质衰弱者参加运动往往弊多利少，但新的健身观点却提倡高龄老人和体质衰弱者同样应尽可能多地参与锻炼，因为对他们来说，久坐（或久卧）不动即意味着加速老化。当然，他们应尽量选择那些安全度高、副作用较小的运动，如以慢走替代跑步，游泳替代健身操等。

5. 关注与锻炼相关的心理因素

锻炼须持之以恒，这对老年健身者来说，也许比年轻人更为重要。但遗憾的是，由于体质较弱、体能较差、意志力减弱或伤痛困扰，不少老年人在锻炼时往往会产生一些负面情绪(如急躁、怕出洋相、因达不到预定目标而沮丧等)，由此使锻炼不能起到预定的健身效果，或使老年健身者半途而废。鉴于此，健身指导者给老人制订科学的健身计划时，还须同时关注他们可能出现的负面情绪，促其保持良好的思想情绪。

三、重视不够后果堪忧

根据老年人生理特点。适合老年人锻炼的项目要动作缓慢柔和，能使全身得到活动。根据活动量容易调节掌握而又简便易学的原则，下面介绍几项适宜老年人锻炼的项目。

步行：是老人锻炼最简便、安全的运动，如果锻炼得法，其效果可与慢跑相同。

慢跑：也是适宜老人锻炼的项目之一。医学研究证明，40~81 岁的长跑者比一般中老年人最大吸氧量要大。

太极拳：有“老人健身宝”之誉，是很适合老年人生理特点，安全而有效的锻炼项目，尤其对体质弱及有慢性病的老人更为适宜。练太极拳能增进心肺健康，预防高血压、动脉硬化、肺气肿等慢性病；还能促进消化吸收功能，加速代谢过程。同时还对老人骨关节及肌肉功能的保持有良好作用。

医疗保健体操：可以练功十八法、降压舒心操、祛病延年二十势等，针对性强、实用效果好。

四、老年运动宜坚持

老年人退休以后的生活有一番绚丽的光景，没有事物缠身，有充分的时间做自己喜欢的事情，进行各种适合老年人的文体活动。做到“老有所伴，老有所养，老有所为，老有所乐”。

老年人多参加运动，可以有效地延缓衰老进程，提高生命的质量。老年人运动的特点表现为轻体力、慢速度、长时间、单形式、贵坚持。男性老年人适合打太极拳、遛早、下棋；女性老年人适合太极拳、舞秧歌、踢毽。

（一）学练太极拳，祛病又延年

太极拳是我国传统的健身拳术。太极拳动作舒缓，很适合老年人进行练习。太极拳具有养神、益气、固肾、健脾、通经脉、行气血、养筋骨利关节的作用。太极拳的套路种类很多，其中简化太极拳（24 式太极拳）便于初学者练习。

练习太极拳要持之以恒，每日练 1~2 次，每次 1~2 遍，清晨练习为佳。

（二）围棋、象棋多动脑，神清思敏精神好

象棋、围棋是很好的休闲健身项目，乐在“棋”中。如中国象棋就是我国古代劳动人民发明的智力性游艺活动。中国古代象棋的制式变化很大，从六博棋到八八象棋，从广象棋到九宫象棋。中国象棋经历了一个由简单到复杂，由易到难、由低级到高级的质的飞跃。

棋类运动主要是脑神经的锻炼，用脑的好处之一就是可以预防脑萎缩和老年性痴呆。

在家庭业余生活中，家长可以与孩子玩上几盘。下棋是在谈笑风生、轻松愉快的气氛中度过的，尽管也用脑，但并不觉得疲劳。父亲或母亲与孩子经常对弈，可以融洽家长与孩子的关系，使彼此能实现更多的沟通，从而营造一个温馨、美满、和谐的家庭氛围。单位和俱乐部与同事朋友一起下棋有利于人际和谐。

五、每天遛个早，晨练身体好

每天老大爷、老太太最早迎来阳光。在公园、在操场、在河边、在路边、在山上、在树林处处都有认真锻炼的人群。有的跑步、有的走路、有的做操、有的打拳、有的遛狗、遛鸟等。

老年人早晨锻炼的方式方法有很多，主要有以下方面。

锻炼心肺功能，提高精力和耐力；锻炼腿部肌肉的力量，预防老年性骨关节病变，延缓自然衰老进程；锻炼身体关节的柔韧性和灵敏性，提高身体活动能力，减少意外事故，提高自身保护和躲避危险能力；锻炼社会交往能力，预防老年性抑郁症；提高学习能力和成就感，减少退休失落感。

六、六大营养素补充你的身体所需

国外有报道对肥胖高血压患者的临床试验中，采用很低热量进行减肥，摄入热量仅为600千卡/天时用一种减体重药物，还采用适当运动、限制摄入热量的综合措施，患者体重、血压和血脂都下降。但是患者只摄入基础热量的一半，实际每天职业、家务和运动热量消耗要亏空1 000千卡/天，如果没有药物抑制食欲是难以坚持数月的，长期低热量低营养素还会导致营养不良。只有临床重度肥胖的III期高血压患者可采用这种方法。

食谱中的六类营养素类：一种也不能少！

（1）蛋白质类：禽蛋1个（鸡、鸭、鹅、鹌鹑蛋2个）含优质蛋白6克、脂肪4克，热量70千卡；无糖低脂酸奶半斤含优质蛋白8克、脂肪1克、碳水化合物25克，热量140千卡；鳟鱼肉1两含优质蛋白9克、脂肪1.3克，热量50千卡。这组食品含优质蛋白质40克、热量260千卡。

（2）碳水化合物类（糖类）：大米（年糕、小米、高粱）3两，植物蛋白14克、糖100克，480千卡。豆类1两蛋白6克、热量100千卡。这组食品含植物蛋白质20克、热量580千卡。

（3）脂肪类：橄榄油（或茶油、玉米油、花生油）2~3瓷勺，植物脂肪25克，225千卡。

（4）矿物质：西红柿1个、黄瓜2条、大白菜半斤、圆葱头3两，80千卡。

（5）维生素类：柚子1/4个、香蕉半条，称猴桃1个120

千卡。

(6) 水：2 000~3 000 毫升开水（不含热量）；水中（不是纯净水）含很多有利于维持正常血压的矿物质。

七、台理配餐调出健康身体

(一) 摄入糖类供给总热量的一半

高血压患者有氧运动时的热量来自糖，氧化分解为水从尿中排出，二氧化碳从肺里呼出。米类比发酵面食的减肥效果好，还不含小苏打（钠盐）。

(二) 蛋白质摄入不必过高

不作大力量练习时 1 克/千克体重即可。从奶制品、鱼和豆类中获得蛋白质基本满足了，每周加一两次，50 克/次猪肝和鸡肉。肉太多血脂上升、腰腹脂肪和脂肪肝增多，尿素多让肾脏负担加重。

(三) 油脂多是减肥大敌

吃猪羊肉每周不能超过 2 次，每次少于 50 克。炒青菜不超过每天 2 个。烹调蔬菜用 1 分钟开水烫后凉拌的方式。经济条件允许可购买橄榄油，不但少用且成分利于机体。

(四) 摄入低热量的碱性食品

新鲜蔬菜和水果属于碱性食品，它们除可满足饱腹感外，还可增加摄入钾、钠盐比例和钙、镁离子浓度，是降血压的必要措施。牛奶有最佳钙磷比例可以维持正常血压。水分是维持血液容量的基质，其中的宏量矿物质是人类钙、镁等多种矿物质的重要来源。

八、重视不够后果堪忧

众所周知，高血压病是老年人的常见病，也是我国老年人致死、致残的主要原因之一。2005 年体质监测结果显示，老年人无论男女收缩压的均值都大于 135 毫米汞柱，进入高血压前期范围（136~139 毫米汞柱）。究其原因，一方面，说明人们对高血压病的危害性认识不足或重视不够，尤其是老年人的自我保健意识不强。另一方面，老年高血压是长年累月缓慢形成的，患者多已能适应其病理状态，常常因主观症状不多或自感症状不严重而疏忽就医，以致延误早期诊治。

九、学会自我调理血压自然下降

（一）心情舒畅

高血压是一种心身疾病，任何精神刺激都能使血压升高。若能做到“得意淡然，失意泰然”，尽量减少情绪波动，对保持血压相对稳定，减少并发症的发生具有重要意义。

（二）饮食清淡

我们知道食盐中的钠离子可引起人体内的水分潴留，从而增加血容量，引起血压升高，进而加重心脏负担，因此，提倡高血压病人以吃的淡些为原则，一般每日食盐摄入量应在3~5克以下。临床上有些高血压患者，通过控制食盐摄入量一段时间后，血压便逐渐降至正常范围。

（三）合理休息

对于高血压病人来说，合理休息是十分重要的，尤其是老年患者，机体的各种脏器功能均已处于不同程度的衰退状态，应注意休息，避免过度劳累。做到起居规律，早睡不熬夜，每日保证7~9小时的睡眠时间，有的老年人充足睡眠时间需要10小时以上。

（四）适量运动

“生命在于运动”，人人皆知。适量的运动，能舒筋活络，畅通气血，缓解人的紧张情绪，有利于控制血压。

（五）常测血压

对高血压病人来说，经常测一下血压是十分必要的，因为可根据血压的水平来调整降压药的品种与剂量。若有条件，家庭最好自备一台血压计。一般将血压控制在收缩压130~140毫米汞柱、舒张压 80~90 毫米汞柱，且无不适症状为宜。

（六）节食减肥

肥胖可导致动脉硬化，使血管弹性降低，脆性增加，容易发生高血压和脑溢血等。减肥的措施多种多样，但归根结底有两点：一是少吃，二是多动，而且二者应配合进行，缺一不可。

（七）长期打算

有些高血压病人血压一下降，便立即停药。这种不正确的服药方法，即服药—停药—服药，结果导致血压出现升高到降低再到升高的情况，这样不仅达不到治疗效果，而且由于血压出现较大幅度的波动，易于引起心、脑、肾发生严重的并发症，如心肌梗塞、脑出血、肾功能不全等。高血压病极少有彻底治愈的，故高血压病患者要坚持服药，要有服十几年乃至一生的思想准备。

十、高血压患者锻炼要小心

（一）夏季运动要当心

（1）天热导致的应激反应如休息不好、烦躁、气温的升高都会引起血压的波动。血压高低不能靠自我感觉，只有通过加大测量血压频度才是最准确的办法。近期内血压升高过多时最好暂时停止运动。

（2）血压变化不大的患者，最好在温度 28℃以下的环境中（室外或室内）做低强度缓和的运动，如走路、打太极拳、做养生功，最好是水中健身如游泳、水中走路等。

（3）夏练三伏不适用于高血压患者。

运动要避开气温最高的时间，避免在阳光直射下锻炼。随外界温度的升高，运动时间和强度要往下调整，必要时短期停止惯有的运动，待外界温度稍降后再逐渐开始运动。

（4）在服药后心率反应最强烈的时间段，尽量不做大肌肉活动，只做腹式深呼吸操，做舒缓的动作，心理放松。待反应过去后再开始正式进行每天的运动计划。

（5）要特别注意补水，天气热再加上运动中消耗能量增加，人体排汗会增多，血液容易浓缩。除早上的惯常喝水外，运动前中后都要适当的补水，不能等到口渴才补。

高温天气下运动，运动前补水400毫升，运动中少量多次，每次150毫升，即3大口。全天总量大约要喝白开水2 500毫升左右（不包括进餐汤水），最好以尿量来确定补水的总量，尿少而且黄，说明补水不够。水温度在13～20℃，不要低于10℃。更不要喝冰水。

（二）晨练万不可贪早

30年来，中国心脑血管病的发病率上升显著，初步估计每年新发卒中超过200万人，死亡超过150万人，患病人数达600万～700万人，并且卒中后再发的风险很高。

中老年人尤其是患有高血压的中老年人晨练太早的危险因素很多，造成脑卒中发病的概率大大增高。

一则清晨的血压是很多人一天中最高的时段。

二则天气干燥而且睡眠8个多小时没有喝水，早上4：00—8：00是一天中血液最浓的时间，尤其是凌晨时分，血流缓慢最容易形成血栓造成缺血性中风，运动时出汗更加重了血液浓缩。

三则此时血糖是一天中的最低点，太早运动又来不及吃早餐，运动还消耗血糖。患糖尿病的人易造成低血糖昏迷。

四则太阳未出来之前，沿途1米多高度的空气中铅等重金属污染很重，树林中的二氧化碳浓度最高。

五则如果晨练过于激烈，心率达到160次/分甚至180次/分，对于青年人是必要的，对于中老年人就很不安全了。

（三）睡前做做保健操

高血压患者李老师只有在每天晚饭后看电视2个小时，然后9点跑步半个小时出一身汗回家后，洗个热水澡睡觉。从全天总的运动量来看他达到要求了，但临睡前跑步的运动量稍微大了一些。最好的办法还是晚饭的时间尽量提前到 7 点之前完成，晚饭不宜摄入过多不易消化的肉食、糯米、杂粮和柿子等食品，饭后做一些 15 分钟较轻的家务（洗碗、擦桌子等活动），看 30 分钟的电视，做较低强度的运动 40～60 分钟，洗个温水澡。水温过烫、严肃谈话及较激烈运动后大脑皮层过于兴奋都会影响睡眠。

为避免夜晚血压过高，睡前除了不要做激烈的运动外，也不宜过长时间和紧张的脑力活动。建议做中华保健操，如国家体育总局健身气功管理中心推广的《六字诀》就是一种以呼吸吐呐为主要手段的传统健身方法，通过腹式呼吸鼻吸口呼，在匀细柔长的吐气中发出六种声音。

第四章　趣味健身项目介绍

第一节　娱乐游戏健身项目

一、娱乐游戏的健身原理

娱乐游戏健身项目是以身体活动为主要方式进行的。由于地域文化的差异使得娱乐游戏项目内容繁多，活动形式多种多样，有的项目强调对抗性，有的项目突出动作的技巧性。不论是哪一种，它都要求人体直接参与运动，在愉悦身心的活动中，伴随一定的运动负荷，久而久之改善了人体骨骼肌的发展，提高了心脏、血液循环和呼吸系统的功能，促进了人体机能形态向健康的方向发展。

二、娱乐游戏的健身特点

（1）娱乐游戏类项目内容繁多，活动形式多种多样，动作有难有易，适合不同人群练习。

（2）娱乐游戏类项目具有浓厚的地域文化特色，练习者在练习的过程中具有很强的自娱性和娱他性。

（3）娱乐游戏类项目不仅可以使练习者增强体魄，还可以丰富人们的文化生活，增进人与人之间的交流，使得工作和生活中的压力得到一定的释放，从而更好地调整练习者的心理状态。

三、娱乐游戏健身项目

毽子又称毽球，它由毽砣和毽羽两部分组成，毽跎通常用一个铜钱或圆形的金属片外裹布或皮而成，毽羽则多用翎毛。人们用脚和身体的不同部位磕击毽子，使它不断在空中上扬，这被称为踢毽子。

踢毽子是全面锻炼体魄的良好手段，是全民健身活动中一项行之有效的运动项目。踢毽子基本在于腰、腿部位的运动，踢毽子消耗体力不大，如经常适度踢毽，对舒筋活血，益寿保健有很好的功效。经常从事踢毽运动，可以提高人们的力量、速度、灵敏、耐力、柔韧等身体素质，并能使人们的高级神经活动得到改善，尤其是能提高人体的心血管系统、呼吸系统等内脏器官的功能，从而促进人体健康。同时，踢毽子不受场地限制、占地小、器具简单、投资少，男女老少都可参加，任何空闲时间都可以利用。

踢毽子的运动量可随意控制，不必与人争抢、冲撞，可视自己的体能来确定运动量。毽子踢法多种多样，踢毽子可寓游戏于运动之中，只要合理掌握运动量，不但能够达到强身之目的，还能享受到其中的乐趣。

四、娱乐游戏健身的注意事项

（1）锻炼地点最好选择环境优雅、空气新鲜的公园或社区，若遇雾霾或有风沙的天气，则不宜活动。

（2）锻炼时间主要根据个人的生活习惯、身体状况或工作性质来定，一般安排在清晨、下午或傍晚。

（3）锻炼要正确掌握运动量，运动量不宜过大，时间不宜过长，一定要根据自身的情况来增加或减少运动量。

（4）运动前，要充分做好准备活动；运动后，整理放松活动也不能少。运动时着装要适宜，服装面料应能吸汗、透气，一定要穿合适的运动鞋进行练习。运动时最好带上一块干毛巾，以防身体因出汗而感冒。

第二节　舞龙

一、舞龙健身原理

舞龙运动是舞龙者在龙珠的引导下，手持龙具，随鼓乐伴奏，通过人体运动和姿势的变化，完成龙的游、穿、腾、跃、翻、滚、戏、缠、组图造型等动作和套式，充分展示龙的精、气、神、韵等。在此过程中，舞龙者身体得到相应的运动负荷，改善并提高了人体骨骼、肌肉的素质，提高了心脏、血液循环和呼吸系统的功能，使人体机能得到有效的锻炼，促进身体的健康发展。

二、舞龙健身项目的特点

舞龙是中华民族传承的载体，有着鲜明的民族特色和传统特色。舞龙运动强调集体配合，在民族韵味浓厚、节奏感强烈的鼓乐伴奏下，十多人相互配合，快慢自如、进退有序地展现出舞龙运动的民族特色。

三、舞龙健身注意事项

由于舞龙是多人集体配合的运动项目，并且运动中有规定的运动路线和方法，因此要求习练者熟记练习动作和鼓乐节奏，以求和他人配合默契。舞龙的龙杆有一定的重量，在长时间的演练中，演练者要不停地舞动龙杆、奔跑跳跃。因此，平时个人要注意身体素质的练习和提高。

第三节　龙舟

龙舟是中国民间传统水上体育娱乐项目，已流传两千多年，多是在喜庆节日举行。龙舟作为中国龙文化传播的一种方式传承下来，最大限度地象征了华夏子孙作为“龙的传人”对于龙文化的一种崇拜和崇敬。

一、龙舟健身原理

龙舟运动是一项集众多划手依靠单片桨叶的划桨作为推进方式，运用肌肉力量向船后划水，推动舟船前进的运动。龙舟所用的划桨小，而且无支点，同时要处理好上肢力点和支点的关系。划桨技术动作难度大，划手要全身协调用力，从而有效锻炼了人的肌肉力量和心肺功能，使机体代谢机能得到很大的改善。

二、龙舟运动项目的特点

龙舟容量大，参与人数多，往往要十几人、二十几人齐心协力，而“协力”的关键是听从鼓手的指挥，这种组织形式有助于培育集体主义的精神。龙舟所表现出来的团结一致、力争上游的精神，正是中华民族优秀品质的体现。经常参加龙舟活动和比赛，有利于身心健康，能提高人体心肺功能。

三、龙舟健身注意事项

龙舟运动是水上运动项目，齐桨划行迅猛有力，龙舟构造细长，在水面上行进迅速，参与者一定要保持好自身平衡和划桨节奏，并注意自身安全。

第四节　时尚运动的潮流

一、极限运动

欧美人喜欢玩的极限运动，到底是个啥玩意儿？

许多极限运动的项目都是近几十年刚诞生的，根据季节可分为夏季和冬季两大类，运动领域涉及“海、陆、空”多维空间。除了追求竞技体育超越自我生理极限“更高、更快、更强”的精神外，极限运动更强调参与、娱乐和勇敢精神，追求在跨越心理障碍时所获得的愉悦感和成就感。同时，它还体现了人类返璞归真、回归自然、保护环境的美好愿望，因此已被世界各国誉为“未来体育运动”。目前主要比赛和表演项目有滑板、攀岩、高山滑翔、滑水、激流皮划艇、摩托艇、冲浪、水上摩托、蹦极跳、轮滑等。目前世界上极限运动普及率和水平最高的是欧美一些国家。

ESPN 世界极限运动会（X-Games）是指由 ESPN（美国有线体育电视网）创意并组织和举办的，1995 年诞生于美国圣地亚哥的一个全球性的极限运动体育盛会。每年一度的世界极限运动会，现在已经成为全球极限运动中水平最高、影响力最大的传统盛会，同时ESPN也成了世界极限运动的最具有权威性的组织机构。它包括5个大项：攀岩、滑板、轮滑、小轮车、滑水。

中国极限运动协会（Chinese Extreme Sports Association，简称CESA）于2004年6月经过国家体育总局、国家民政部、国务院的批准正式成立，它也是我国第100个单项体育协会。

二、儿童与极限运动

极限运动已经不像过去那样被人们认为是坏孩子玩的项目，在欧美国家越来越受到追捧和欢迎，就因为它对青少年健康发展起着重要的作用。首先，极限运动员要求很强的独立能力。参与极限运动的青少年要早早学会自立，以便能够顺利出去比赛、交流。其次，极限运动培养人的综合能力，如外语等。大部分极限运动员由于要经常出国、看外语资料，外语都非常好，尤其是口语。此外，极限运动对大脑开发有很好的作用。技巧和体能缺一不可的极限运动，可以充分开发人的大脑，让参与极限运动的孩子变得更加聪明。

一些社会学家的调查、研究结果显示，在信息爆炸的知识经济时代，现代人的生活节奏变得越来越快，工作压力越来越大，生活空间越来越小……现实的环境使得现代人应接不暇，持续的、不断增多的刺激使人的感觉阈限也不断提高。原来的感觉不强烈了，已不能适应人类的追求了。

按捺不住心情的都市新潮一族，首选渴望冲出都市文明的封锁，去和自然对话，还原人类作为大自然中一员的本色，表现人类最本质的能力。极限运动的兴起，正好满足了人类的这一需求。此外，与传统体育项目（包括奥运会项目）相比，极限运动更富有超越身心极限的自我挑战性、观赏刺激性、高科技渗透性、商业运作性。极限运动的兴起，使人们逐步离开传统的体育场馆，走向荒野，纵情于山水之间，向大自然寻求人类生存的本质意义。

三、中年事业人士适合的锻炼方式

健康是你的，你自己不负责，谁帮你负责？其实要解决这个问题，做一些习惯上的调整也能完成。很简单，送你 8 个字：挤挤时间，贵在坚持！

中年人因为工作和习惯的原因，容易发生各类慢性疾病，比如高血压、糖尿病等。如果有条件，应多参加一些户外运动，比如骑行、慢走、广场舞、太极拳、瑜伽等，结合健身私教，再通过膳食结构调整，能大大降低各种常见慢性病的发生。

中年事业人士工作压力大，事务繁忙，如何平衡工作和身体锻炼，说容易也容易，说难也难。除了日常的锻炼，中年人还可以参加钓鱼活动，在户外呼吸新鲜空气，享受阳光和美景，对于减缓工作压力有很大的帮助。还有就是高尔夫、射击、射箭等，都是不错的缓解压力、促进身心健康的非常好的体育运动项目。总之，对于锻炼，身体是自己的，时间是要挤的，行动是要坚持的。双手远离方向盘，身体健康常相伴。

四、老年人不适合剧烈运动

老年人身体机能衰退，不适宜跑步、球类等剧烈的运动，否则会加重内脏和骨骼的压力。建议从事一些舒缓的体育锻炼，比如太极拳、慢走、钓鱼、门球等锻炼项目。

老年人参加锻炼前，一定要记得先做全面的体质检查，充分了解自己的身体状况。在锻炼期间，也要定期做身体检查，根据检查结果调整自己的锻炼内容和强度。同时，保持良好的睡眠和生活习惯，保持愉悦放松的心情进行锻炼。生病服药期间，尽量不参加锻炼或者仅进行简单的放松锻炼。

五、打麻将

老年人退休后，时间充裕，很多人以打棋牌游戏打发时间，这对身心有很大的负面影响。建议选择广场舞、钓鱼、周边旅游、上老年大学等生活消遣方式，多与社会接触，这些都是有益身心的健康选择。

老年痴呆的治疗已经成为全世界医疗界共同的难题，目前没有任何一种确切有效的药物，现有治疗主要以增进智力、保留智能为主要目的。很多人说，打麻将要用脑，可以预防甚至治疗老年痴呆，其实这种说法不科学。虽然打麻将可以帮助老年人用脑，但同时大大增加了脑血管疾病的发病率，很多老年人就是因为打麻将兴奋导致血压升高而被送到医院。要预防老年痴呆，最好是多进行社会交际，多参加一些合适的户外锻炼，在家多做些力所能及的家务，尽量别做“宅老”。

六、户外露营

想去户外露营？好主意！需要准备哪些户外露营装备呢？

其次，买什么样的帐篷合适呢？要选坚固、耐用、能挡风雨，收起来后体积小、材质轻、方便携带，且便于安装的。尼龙质料比较轻，而且坚韧，优质的帐篷一般用高密度防水尼龙或防撕尼龙。可以选择深色的或银色天幕的帐篷，一来可防止阳光和紫外线照射，二来容易入睡。现在是夏季露营，不妨选购银色的，银色能反射阳光，帐篷内会较凉快。另外，也不建议您买太大的帐篷，背负太重。

另外，还建议做好防晒准备。除了带一些必要的防晒化妆品，还可以考虑购买专业的户外运动衣，只需在里面穿一件薄的棉质T恤，可以防风、防水、防晒、防虫。

对了，如果是去钓鱼，可以买个户外折叠烧烤炉、防风酒精锅。大人钓鱼，小孩烧烤。如果去通信不好的山区，还建议配备对讲机和卫星电话，以防一些意外情况。

（1）准备野外露营的用具，比如帐篷、睡袋、防潮垫，可以根据天气和自己的要求选择适宜的。同时需要准备营灯、手电筒，这是夜行、夜宿都需要的，也可以选择头灯，非常方便。

（2）准备要的野外餐具，如炉具、桶锅、水袋（壶）等。

在炉具的选择上有瓦斯炉和汽化炉、酒精炉等，这在禁止野外用火的地方非常有用。还有打火机和防潮火柴，可以备不时之需。

(3) 准备一些可以即食的食物，如野餐罐头、面包、方便面、饼干等。也可以带些大米、肉串、烤肉、零食等。

(4) 要为宝宝带上专用的防虫水、纸尿裤、湿纸巾、小玩具和备用的衣物。

(5) 出行前需要详细了解出行目的地的天气、周边环境等。

七、电子竞技

电子竞技是体育项目吗?

“网络游戏=电子竞技”这种观点是错误的。随着游戏产业的发展，电竞项目的不断更替，电子竞技早已不再是局限于IP直连或局域网的单机游戏了。尽管网络游戏在发行、运营、付费方式以及游戏的平台构建上都有很大的不同，但这并不能影响一些平衡性与对抗性很强的网游加入电竞项目中。不管单机游戏（单人游戏），还是网络游戏（多人游戏），只要符合“电子”“竞技”这两个特征，那么它们都可以称为广义上的电子竞技游戏。

电子竞技（Electronic Sports）就是电子游戏比赛达到“竞技”层面的活动。电子竞技运动就是利用电子设备作为运动器械进行的、人与人之间的智力对抗运动。通过运动，可以锻炼和提高参与者的思维能力、反应能力、心眼四肢协调能力和意志力，培养团队精神。电子竞技也是一种职业，和棋艺等非电子游戏比赛类似，2003 年 11 月 18 日，国家体育总局正式批准将电子竞技列为第 99 个正式体育竞赛项目。2008 年，国家体育总局整合我国现有的体育项目，并将电子竞技重新定义为我国的第 78 号体育运动项目。值得一提的是，近年来福建省持续举办一年一度的“海峡两岸大学生电子竞技大赛”，影响力越来越大。值得注意的是，青少年参加电子竞技项目最好能由成年人加以引导，并接受专业的培训，要有时有度，切不可放任自流，影响学习和生活。

八、钢管舞

钢管舞是体育运动项目吗？是！因为跳钢管舞大有裨益，其主要表现在以下方面。

（一）减肥健身

钢管舞能练到腹部和臀部肌肉，为打破所有“塑身”的纪录，得集合全身的力气。初学者大约上了6堂课后，身上漂亮的肌肉线条就会出现。爬管子时就像孩童时的游戏，臀部内侧也会慢慢地变得更紧实浑圆。钢管舞其实是一种绝佳的心肺功能运动，当认真跳起来时，每小时约可燃烧掉250卡热量。

（二）增强自信

钢管舞深受白领女性的青睐。为什么白领女性会如此喜爱钢管舞呢？经过与她们的交流得到的答案是：她们觉得当在各种风格的音乐中热情奔放地舞动时，心中感到从未有过的舒畅，而且舞蹈动作易上手，简单、自然且美观。舞者不需要有专业的舞蹈基础，便能很快领悟到钢管舞的要领与快乐。当在音乐的节奏中起舞时，所带来的运动的快乐与艺术的美感，是不言而喻的。舞完后，生活与工作的压力也就荡然无存了。

（三）减缓压力

很多女性初次来到练功房，当看到熟练的学员美轮美奂的表演后，都非常怀疑能否学会“杆上旋转”，“爬杆”和“倒挂金钩”等异常美观且高难度的动作。但她们在经过钢管舞的学习之后发现，只要敢于大胆尝试和熟练掌握技巧，就没有什么是做不到的，自己也能成为一名翩跹舞者。在学习的过程中，她们找到了自信，并将这种自信带到生活与工作中，并且衍生出女性更吸引人的气质。

此外，跳钢管舞对治疗产后忧郁、拓展人际关系也大有裨益。

提到钢管舞，可能有人会想到灯光昏暗的酒吧，甚至是充满情色的夜店，正因为不了解才会误解。钢管舞其实只是一项有助健康的运动，是以钢管为道具，综合爵士舞、现代舞、民族舞、芭蕾舞、瑜伽、肚皮舞、拉丁舞等各种不同风格的舞种，又集合杂技、艺术体操、健身类别的运动而衍生出来的新型舞蹈，男女都可以参加。而钢管舞世界锦标赛从2003年发起，最初只有几个国家参与，时至今日已经吸引了将近30个国家参与，我国在2011年正式开始派选手参赛。

九、卡丁车

卡丁车是英文KARTING的音译，意为微型运动汽车，是一项刺激的、具有魅力的运动。卡丁车运动于1940年在东欧开始出现，到了20世纪50年代末才在欧美普及并迅速发展起来。它的结构极其简单：1个车架、1台二冲程发动机、4个独立车轮便构成了卡丁车的全部。因其具有易于驾驶、安全而又刺激的特点，所以迅速风靡世界，可以贴切地将之喻为赛车运动中的“卡拉OK”，即男女老少无论是否会开车，都可以开卡丁车。1962年由国际汽车联合会时任主席巴莱斯特创议成立了国际汽车联合会卡丁车委员会，后更名为世界卡丁车联合会。

卡丁车不仅可以给驾驶者带来身体上、视觉上的高度刺激和乐趣，还可以对青少年实施技能教育，使他们养成不畏艰苦及挫折而勇于拼搏的精神，形成良好的心理素质；更可以适应社会发展普及汽车驾驶技术、汽车基础理论知识和机械常识。

十、体育舞蹈

体育舞蹈凭什么风靡世界呢？确实，体育舞蹈在健身减肥方面具有如下优势。

（1）运动因素。舞蹈对肌肉的刺激是全面性、综合性的，它的动作兼顾到头、颈、胸、腿、髋等部位。另外，舞蹈还具备有氧运动的效果，使练习者在提高心肺功能的同时，达到减肥的目的。

（2）生理因素。心率在110次/分以下，健身价值不大；心率在130/分时，每搏输出量开始出现接近或达到一般人的最佳状态，健身效果明显；心率在150次/分时每搏输出量开始出现缓慢的下降。因此，通常把一般人健身效果的心率最佳区间保持在120~140次/分，是一种轻度有氧运动，身体各组织能得到充分的血液供应，代谢状态最好。

（3）心理因素。它的趣味性容易让人集中和专注，忽略掉运动疲劳；可以培养舞者的自信和气质，能较好地改善练习者的协调能力。正因为如此，体育舞蹈被称为“带着笑容去训练的项目”。

体育舞蹈，又称“国际标准舞”，由社交舞转化而来，是体育与艺术高度结合的一项体育项目，是一种男女为伴的步行式双人舞的竞赛项目。分两个项群——摩登舞和拉丁舞，共10个舞种，每个舞种均有各自舞曲、舞步及风格，根据各舞种的乐曲和动作要求，组编成各自的成套动作。

摩登舞（Modem）又译“标准舞”，特点是由贴身握抱的姿势开始，沿着舞程线逆时针方向绕场行进；步法规范严谨，上体和胯部保持相对稳定挺拔，完成各种前进、后退、横向、旋转、造型等舞步动作；具有端庄典雅的绅士风度；曲调大多抒情优美，旋律感强；服饰雍容华贵，一般男着燕尾服，女着过膝蓬松长裙。

拉丁舞（Latin）的特点是舞伴之间可贴身，可分离，各自在固定范围内辐射式地变换方向角度，展现舞姿；步法灵活多变，各舞种通过对胯部及身体摆动不同的技术要求，完成各种舞步，表现各种风格；舞姿妩媚潇洒，婀娜多姿；风格生动活泼，热情奔放；曲调缠绵浪漫，活泼热烈，节奏感强；着装浪漫洒脱，男着上短下长的紧身或宽松装，女着紧身短裙，显露女性曲线的美。

华尔兹舞（Waltz）用W表示，也称“慢三步”，摩登舞项目之一。舞曲旋律优美抒情，节奏为3/4的中慢板，每分钟28~30小节，每小节3拍为一组舞步，每拍1步，第1拍为重拍，3步一起伏循环。通过膝、踝、足底跟掌趾的动作，结合身体的升降、倾斜、摆荡，带动舞步移动，使舞步起伏连绵，舞姿华丽典雅。

探戈舞（Tango）用T表示，摩登舞项目之一，2/4拍节奏，每分钟30~34小节，每小节2拍，第1拍为重拍。舞步有快步和慢步，快步（Quick）占半拍，用Q表示；慢步（Slow）占1拍，用S表示。基本节奏是慢、慢、快、快、慢（S、S、Q、Q、S）。舞曲节奏带有停顿并强调切分音；舞步顿挫有力，潇洒豪放；身体无起伏，无升降，无旋转；表情严肃，有左顾右盼的头部闪动动作。

伦巴舞（Rumba）用R表示，拉丁舞项目之一。节奏为4/4拍，每分钟27~29小节，每小节4拍。乐曲旋律的特点是强拍落在每小节的第4拍，舞步从第4拍起跳，由1个慢步和2个快步组成。4拍走3步，慢步占2拍（第4拍和下一小节的第1拍），快步各占1拍（第2拍和第3拍）。胯部摆动3次，胯部动作是由控制重心的一脚向另一脚移动而形成向两侧做∞型摆动，具有舒展优美、婀娜多姿、柔媚抒情的风格。

恰恰舞（Cha-cha-cha）用C表示，拉丁舞项目之一。节奏为4/4拍，每分钟30~32小节，每小节4拍，强拍落在第1拍。4拍走5步，包括2个慢步和3个快步。第1步踏在第2拍，时间只占1拍；第2步占1拍；第3、4两步各占半拍；第5步占1拍，踏在舞曲的第1拍上。胯部每小节向两侧摆动6次。舞曲热情奔放，舞步花哨利落、步频较快，风格诙谐风趣。

桑巴舞（Samba）用S表示，拉丁舞项目之一，源于巴西，是巴西一年一度狂欢节的舞蹈。舞曲欢快热烈，节奏为2/4拍或4/4拍，每分钟52~54小节，强拍落在每小节的第2拍或第4拍，每小节完成一个基本舞步。舞步在全脚掌踏地和半脚掌垫步之间交替完成，通过膝盖上下屈伸弹动，使全身前后摇摆，并沿着舞程线绕场行进，属“游走型”舞蹈。特点是流动性大，动律感强，步法摇曳紧凑，风格热烈奔放。

十一、平板支撑

有一种锻炼能让你瘦得更健康，你知道吗？

平板支撑动作其实就是伸直全身进入俯卧姿势，用脚趾和前臂支撑住身体，躯干伸直，头部和肩部、胯部和踝部尽量保持在同一水平面，腹肌发力，眼睛看向地面，保持均匀呼吸，至少保持动作 30 秒。时间不必过长，一般来说，成年人坚持 1 分钟以上就算基本达标。平板支撑要的不是坚持时间多久，而是连续高频的锻炼。只要锻炼姿势正确，连续做 4 组或者 5 组会发现坚持的时间越来越短，但是这时候的锻炼效果是会数倍于第 1 组。

平板支撑是一种简单、高效、随时随地都可以进行的运动，被公认为是训练核心肌群最有效的方法之一，这种练习可以让人保持身体的稳定性和平衡性，从而保证你在各项训练中的效果和质量。

但是不是大家看到的那种趴在地上就可以的，掌握正确的姿势才有效果。其实，这个动作主要塑造腰部、腹部和臀部的线条，更重要的是它可以帮助维持肩胛骨的平衡，让背部线条更迷人。只要每日比前一天多坚持 5~10 秒，1 个月后就能出现“人鱼线”。

几种常见的花式平板支撑如下。

（1）双肘支撑，抬起右腿，保持 15 秒；再换左腿抬起，保持 15 秒。

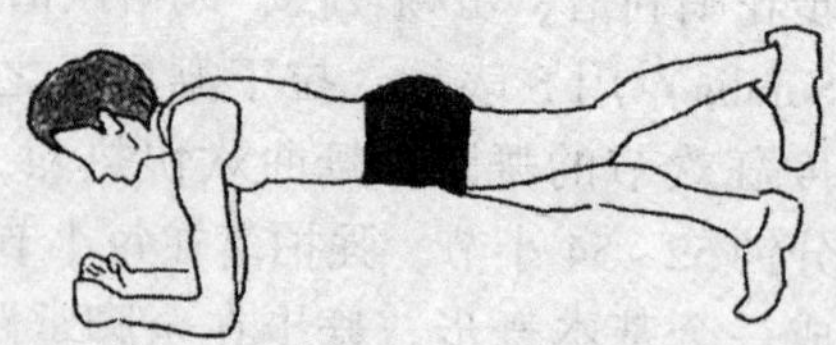

（2）在平板支撑基础上抬起右手向前平伸，保持 15 秒；再

换左手抬起，保持15秒。

(3) 同时抬起左手和右腿，用右肘和左腿支撑，保持15秒；再换成抬起右手和左腿，用左肘和右腿支撑，保持15秒。

(一) 饭后自我“罚站”半小时

专家说，这是一种有益于健康的行为。因为长期久坐不动的工作模式，易使人体血液循环和消化系统发生障碍，代谢水平下降，吃完饭后站立一会儿，有助于对食物的吸收和消化，不容易让脂肪停留在腹部，鼓起小肚子。但是这样的站立，持续时间不能太久，否则会不利于下半身血液循环。

(二) 常备小器械凑凑热闹

既然是微运动，当然少不了一些小型运动器材的帮助。跳绳、拉力器、呼啦圈，这些小玩意自然是很好的选择。拿出久违的跳绳，跳上几十下，或者转上几十个呼啦圈，或者用拉力器做一下扩胸运动。这几项运动无须租借，场地简单方便，容易参与，长期坚持，效果也不错。

(三) 坐在椅子上锻炼腿部

将椅子调高，使大腿与地面平行，可以降低对肌肉、肌腱和骨骼的压力，预防肌肉骨骼疾病；选择靠背椅，在腰部放一个卷起的毛巾或靠枕；手、手腕和前臂在一条直线上，使小臂放在办公桌上时肘部成直角；头部和身体保持直线，稍微前倾；肘部应靠近身体，弯曲90°~120°为宜；双肩放松，上臂自然下垂；双脚平放在地板上；椅子最好加个垫子。只是，要做这些之前，请确保椅子的质量可靠，不然就“杯具”了。

十二、关节柔软运动

不同部位关节柔软运动有何具体方法？

需要做什么样的运动会让身体变得柔软？可以试试瑜伽，会有帮助的。柔韧性练习可以防止运动损伤，增加肌肉的拉伸度，加强肌群间的协调，降低运动后的肌肉紧张。

作用部位：大腿后侧和小腿。

动作要点：脚尖勾起，让小腿得到充分伸展，不要用力压拉伸腿的膝关节。

作用部位：臀部和大腿外侧。

动作要点：缓慢下蹲，不要蹲得过低，若掌握不了平衡，可尝试用手扶一支撑物。

作用部位：大腿前侧。

动作要点：屈腿膝关节不要超过脚尖，跪撑腿的膝关节下可放一垫子，避免摩伤。

作用部位：大腿内侧。

动作要点：分腿的角度应循序渐进，不要过分勉强，以免肌腱拉伤。

作用部位：腰部。

动作要点：两膝分开跪地，身体缓慢后仰，双手抓脚跟。不要勉强，初学者可先尝试将脚尖立起。

作用部位：侧腰。

动作要点：腰部侧向伸展，注意髋关节的控制，身体不要前倾或后仰。

作用部位：背部。

动作要点：手臂够向前方，双腿伸直，腰部下压，注意肩膀不要下沉。

作用部位：大腿外侧。

动作要点：上身直立坐姿，一只腿向前方伸直，双手将另一只腿抱起，逐渐贴向胸部。

作用部位：臀部和大腿外侧。

动作要点：腰背伸直，盘腿尽可能地靠向身体。

十三、普拉提运动

怎样通过普拉提运动塑造曲线美？

普拉提运动能够塑造腰部、腹部及臀部的肌肉曲线，在美化形体的同时加强机体器官的功能，增强控制、柔韧和协调能力。在练习时，要懂得8个关键点。

（1）专注：训练时要集中注意力，静静“聆听”身体的感觉。

（2）控制：动作要到位，尽量做到教练要求的位置。

（3）重心：充分利用自身重力带来的阻力，达到锻炼肌肉的效果。

（4）呼吸：做动作时，讲究呼气的深度，尽可能地运用腹式呼吸的方法。速度不宜太快，与动作的速度基本一致。运动时注意呼气，静止时注意吸气，另外注意力要集中。

（5）流畅：力求动作流畅，速度均匀。

（6）准确：动作不准确，锻炼效果就会“大打折扣”。

（7）放松：躺在地板上静静冥想，仔细感觉自己的身体：哪个肩膀更高一些，头部和脚部哪个更轻。

（8）持久力：有意识地去收缩需要练习的肌肉，保持较长时间的肌肉紧张感，较大程度地消耗身体各部位的能量，这比做上几十个仰卧起坐要管用得多。

现在很多专业的运动员也用普拉提练习来避免运动损伤，下面就简单介绍3组普拉提动作。

第1组：

（1）平躺软垫上，双手平放身旁，双肩下沉，臀部贴紧软垫，双膝屈曲。

（2）收紧盆底肌肉及腹横肌，盆骨向上、向下移动，身体不能移动。

（3）当盆骨向上移到最大幅度时，即寻到中心点及固定盆骨，为其他运动做好准备。

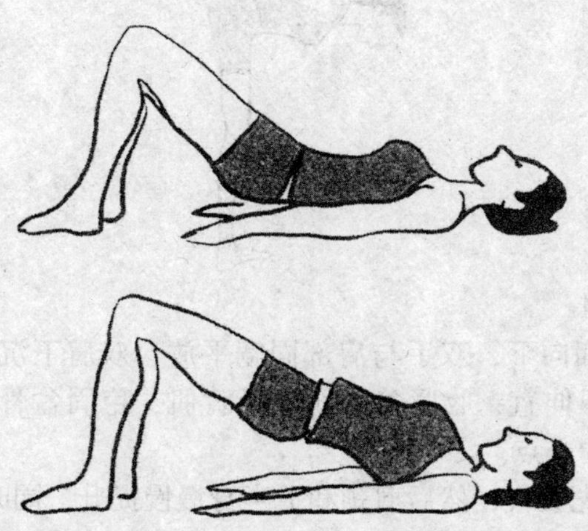

第2组：

（1）平躺软垫上，双手平放身旁，双肩下沉，臀部贴紧软垫。双膝屈曲，收紧盆底肌肉及腹横肌，寻到中心点及固定盆骨。

（2）先吸气，慢慢提升至腰部，感觉脊骨逐节离开软垫，同时慢慢呼气。

（3）继续提升至肩部位置，当腰、臀及双膝成一直线，感觉所有脊骨已离开软垫时，吸一口气；然后慢慢从肩部开始，感觉脊骨逐节放回软垫上，同时慢慢呼气。上下为一次，共做4~6次。

第3组：

（1）面向下，双手与肩部同宽平放，双肩下沉，大腿贴紧软垫，双腿伸直；收紧盆底肌肉及背肌，稳固盆骨、双肩及脊骨这3个中心点。

（2）先吸气，然后肩颈和上半身慢慢提升，同时慢慢呼气。

（3）肩颈用力带动上半身向上，双手伸直支撑上半身，头、颈及背成一直线，然后再吸一口气，缓慢放下呼气。上下为一次，共做4~6次。

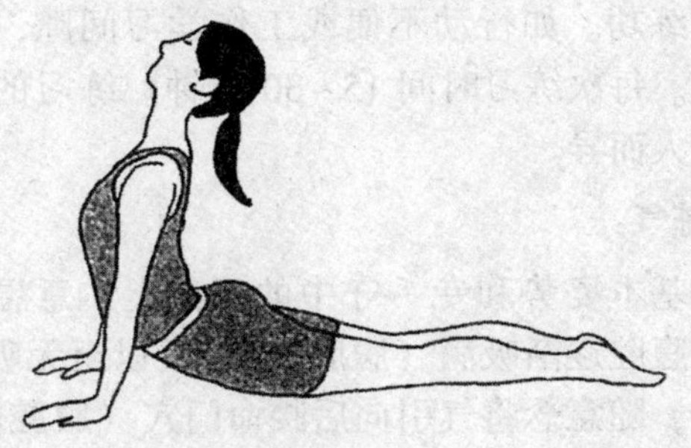

十四、武术运动

中国武术为什么讲“内练一口气”？“练气”的途径是什么？

中国武术中对于气的概念并不是物理理解中的气体，练气是配合武术动作，通过调整呼吸来使用意念引导血脉运行的方法。武术中的基本功、内家拳的桩功、外家拳的马步，甚至包括打坐、八段锦等都属于练气的基础，其实练气的主要是为了血脉畅通、强健体魄。在武侠小说中这种功法被称为内功，但是请正视中国武术，不要盲目轻信武侠小说，真实的武术跟电影里演的是有相当大的区别的。中国武术博大精深，希望武术爱好者寻得良师，传承中华国术。

针对内气的修炼，为使之安全而不出偏差，下面我们推荐一下少林十八罗汉掌中的环抱玉带功的两种练习方法。

（一）养气

两脚平行站立，与肩同宽；两膝微曲，身体保持端庄、放松、沉稳、自然；两眼微视前下方；鼻息均匀、轻微；舌抵上腭（舌尖上卷），唇齿微合，表情微微含笑；两臂微曲环抱于腹前，两掌呈八字形，掌指放松，掌心内含，中指端对（中间相距 1 厘米）；做到腕部、肘部、肩部、髋部、膝部松沉，收腹含胸，腰背松直；呼吸用鼻，要做到细慢、均匀、沉稳、深长。此时，思想高度集中，意想丹田处（神阙穴），神无外散，耳无外听，神态自然，专一守中，在肃静和寂静的内静与外静的环境中，专心练功。如行动不便或工作学习间隙，也可采取坐姿或卧姿练习。每次练习时间15~30分钟。练习的次数和时间的长短，可因人而异。

（二）练气

在上述基本姿势和专一守中的基础上，意想吸气时将以丹田为中心的腹腔逐渐吸满（腹腔充实），以至无吸气余地时，然后慢慢呼气，随意念将气引向后腰命门穴（腹腔内收），待无呼气余地时，再随意念吸气向前至腹腔丹田处。这样平行互为推动，周而复始，如此往复，绵绵不断，日久，处于人体任脉的神阙穴与处于督脉的命门穴的整个腰腹区以至双掌之间会感到温热舒适，气感充实，身轻有力，神清气爽。但要注意的是，练习内气是一个循序渐进的过程，练功不要急于求成，要轻松自然，千万不可强用意念呼气和用力呼吸，否则，易出偏差。

古人讲："人之生，气之聚也。聚则为生，散则为死。"这就是说，人体气聚，则生命旺盛；气壮，则健康有力；气衰，则病入膏肓；气散，则人将死亡。

习武之人为什么非常重视内气的锻炼呢？

首先，练习武术十分讲究健康长寿。《黄帝内经》认为，气分两种，是主管人的生老病死的主要因素，即风、寒、暑、湿、燥、火，又称六邪；喜、怒、忧、思、悲、恐、惊，又称七情。一旦外邪侵袭，七情失调，就会直接影响和损伤人体的经络气血，使脏腑气机逆乱，故使人致病。因此，《黄帝内经》讲："恬淡虚无，真气从之，精神内守，病安从来？"人体的任脉神阙穴（属阴），督脉命门穴（属阳）。长期练功，会使前后丹田互动，两穴相接，两脉相合，阴阳相济，先天之气与后天之气相融，从根本意义上促进了人体经络、气血、神经、内脏诸器官系统的修复和健康，使人延年益寿。

其次，武术家又十分讲究实战用力的科学，练功习武讲究的是心与意合、意与气合、气与力合。因此，练武之人十分重视"意至则气至，气至则力显"的练功。功法中的养气和练气，可使人体在练拳实战中所耗损的能量、精气得到内气的滋养、补充和聚集，使身心合一、内外合一，用以增强自身武术的实力。正如孟子所讲："其为气也，至大至刚。"

十五、提肛运动

知道防治痔疮的简单小运动吗？

办公一族患痔疮很常见。究其原因，可以归结为以下几点。

（1）长期久坐不动，会使肛门缺乏活动，肛门周围肌肉弹性下降，收缩能力减弱，直肠黏膜下滑，从而导致痔疮生成或加重。

（2）长时间坐在软座上，腹部血流速度会减慢，下肢静脉血不能顺利回流，致使血液循环受阻。这种情况下，直肠静脉丛很容易发生曲张，导致血液淤积，最终形成静脉团，即痔疮。

（3）许多人常累得回家后一屁股坐在沙发上，久久不愿起身，然而，一时的舒服却可能导致痔疮的形成。

总之，久坐不动是痔疮的罪魁祸首，要想远离痔疮，就要经常走动，促进血液循环。

1. 括约肌收缩法

采取坐式，有意识地收缩尿道、阴道、直肠括约肌，然后放松。如此反复 50~100 次，每日 2~3 遍。

2. 排尿止尿法

在排尿过程中，有意识地收缩会阴部，中止排尿；然后放松会阴部肌肉，继续排尿。如此反复，直至将尿排空，每日 2~3 次。

3. 床上训练法

仰卧床上，以头部和两足跟作为支点，抬高臀部，同时收缩会阴部肌肉；然后放下臀部，放松会阴部肌肉。如此反复 20 次，每日早晚各 1 遍。此运动可以增强腰、腹、臀、腿及盆腔肌肉，改善这些部位的肌肉及会阴部括约肌的功能。

4. 放松呼吸法

取仰卧位，全身尽量放松，双手重叠于小腹，做腹式深呼吸：吸气时，腹部鼓起；呼气时，腹部凹陷。如此反复 10~20 次，每日 2~3 遍。

5. 夹腿提肛

仰卧，双腿交叉，臀部及大腿用力夹紧，肛门逐渐用力上提，持续 5 秒钟左右，还原，可逐渐延长提肛的时间。重复10~20 次，每日 2~3 遍。

6. 气功提肛法

呈双膝微弯状，双手手指相对置于丹田前方，双目微闭，调息，入静，从头到足趾依次放松各处，而后引丹田气沿督脉上行于上丹田，同时，气到会阴时，微微提肛缩囊，缓缓而行 7 次，口中有津时，分 3 小口吞下，并同时提肛缩囊；然后，收意识，停气息于丹田中，平衡呼吸，入静，片刻后，收势，慢慢睁开双眼，以双手半握拳，从尾骨尖两侧，依次向上轻轻叩击，反复 7 遍，以能耐受为限。

十六、站桩功

为什么站桩是中华武术的基础，太极桩怎么练？

站桩即身体如木桩般站立不动，它起源于古宗教仪式，是中国武术体系中的一个重要组成部分，在历代武术流派中受到武者的重视。如马步桩，在少林武术和一些南派拳中，就将其作为一种基础性训练。所谓“未习拳，先蹲三年桩”，在内家拳的形意拳中，有“万法源于三体式”之说，而在一些年轻的拳种（如大成拳、卢式结构拳）中，更是将站桩推到了无以复加的地位。

（一）太极桩

行功姿势：身体自然站立，两脚横开与肩同宽，成“11”字形。头正身直，二目垂帘向前下方斜视，从头到脚，进行周身放松。两手自然下垂，贴于大腿两侧。舌抵门牙牙龈。

心法：身体放松后，观想自身与茫茫宇宙混然合为一体，进入忘我境界。

（二）太极桩

两脚横开，比肩略宽一脚，两脚成“11”字形站立，从头到脚依次放松，然后两腿微屈，成高马桩，有圆裆之意。含胸拔背，两臂慢慢抬起与肩平，肘略低于肩，两肩胛骨用力贴向前胸，两臂在胸前成环形（以身体感觉舒适为度）。两手十指自然张开，弯曲，形似虎爪，两手相距 2 寸（1 寸 = 3.33 厘米），手心向内，距胸前一尺三寸左右，成扁圆状。头项不偏不斜，项部直立，以头部舒适为度。两眼开目平视两手间（也可平视远处一定目标），眼不可睁太大。

心法：

①肩井穴与涌泉穴成一线，找放松的感觉，涌泉穴有麻、热、胀感即为正确；

②肩井感、曲池感、合谷感放松；

③肩胛骨前贴；

④臀部前贴；

⑤膝关节外撑；

⑥手臂外撑（既要外撑又要内抱有挟球感）；

⑦意守丹田，呼吸气沉丹田。1~7 上述每个动作 1~2 分钟，一个轮回 8~10 分钟，能做几个轮回做几个，一般 8~10 个轮回。

（三）太极桩（收式）

行功姿势：由原式起，两手由身体两侧向小腹丹田处抱合，双手重叠一处，左手内劳宫穴扣于右手外劳宫穴，扣于丹田处；头正体直，目视前方。

心法：臆想周身真气通过肢体经脉回收丹田。

练功要求：

（1）头宜正。头居人体最高处，为人身之君，是一身之主宰，不宜倾斜，俗语讲“上不正，则下斜”，头正神清，神态端庄，收颏直颈而其头必正直，大有统领全身之意。

（2）肩宜顺。顺肩者，两肩向左右的方向平而顺之，意在肩骨均衡、平行、舒展地向左右伸张，毫无拘禁、高耸之状，以合出劲之态，此势乃此桩基本架势要求。

（3）胸宜出。出胸者，人之威严在于胸，出胸不是挺胸，出胸以壮神威，挺胸则有失中正。出胸有利于腰的灵活，腰部灵活，则身体轻灵，周身合力易成。

（4）腰宜稳。腰，为人身骨节的中心主宰，是人身四肢上下运动的纽带，乃重心之所系。因此，腰肢最要紧的是稳，稳而厚重则坚实，上下行气不滞，则出劲不空。

（5）足宜坚。足坚者，两足放平，大趾内侧用力向下扣，使脚部稳稳地立于地上。古语言“百力皆发于脚”，“足之坚稳”否，将直接影响步法、身形、发力的能力。练时，必使筋络舒展，不可用拙力，否则足便不稳，焉能功成?

（6）膝宜曲。膝要善曲，而曲中求直，则为下盘稳固之道。两膝微曲而上下伸展，使筋脉舒展，而下盘则坚。练时切不可用后天之拙力，拙力一生则足吃重力，便失之大地之稳重。要知膝之拙力一生，真气运行受到阻滞，身体不舒，身体关节即失之灵活，练习要有外撑之意。

（7）手宜抱。抱元守一，是练太极内功的具体要求。行功时，两手要向前合抱，犹如老翁抱树。肘曲、腕平、五指自然分开，此乃站太极桩基本架势。行功时要尽量地使肘臂平行舒展，以达筋肉伸展、真气运行自如之目的。

（8）脊骨直。脊骨是人身体的支撑所在，其内是众多神经的通道，是支配人体活动、意识传导的主要途径。因此，此通道越是平直，则越利于神经意识的传导，而使人动作敏捷，背直则腰易下，则身体上身松弛，真气畅通无碍，其先天真力自出。

十七、伸懒腰

伸懒腰有利于健康，这是真的吗？

打哈欠是人的大脑意识到需要补充氧气的一种反应，伸懒腰的作用与打哈欠大同小异，不过，伸懒腰是人体主动的反应。长时间坐着低头学习，由于颈部向前弯曲，流入脑部的血液流通不畅，大脑及内脏器官的活动便受到限制，使新鲜血液供不应求，产生的废物又不能及时排出，于是便导致疲劳。

人伸懒腰的时候，一般都要打个哈欠，头部后仰，两臂上举。这样做有不少好处：首先，由于流入头部的血液增多，会使大脑得到比较充足的营养；其次，身体后仰时，胸腔得到扩张，心、肺、胃等器官的功能得到改善，血液更加流通，不仅营养供应更加充足，而且废物也能及时排出；再次，伸懒腰时的扩胸动作还能使人体多吸进一些氧气，使新陈代谢增强，能提高大脑和其他器官的工作效率，减轻疲劳；最后，伸懒腰还能使腰部肌肉得到一伸一缩的活动。因此，每伏案学习一段时间后，伸伸懒腰对身体是有好处的。

1. 坐式

双脚稍抬离地，足背引脚趾上翘，用内力引能量从足底向上升，延伸直达胸部。此时，双手心向上从腹部丹田引到胸前，再移过头顶，翻手心向外，随力伸向头顶，脚跟吊着且引力向上，手力也随之向上，双手掌引全身筋骨拉到极限时，再十指叉合，把筋骨引上推至最后的极限。此时，胸腔吸入的气在静止中突然随肺道呼出，再双手放开，各自沿侧面弧线落至肩位，引力向外侧伸两下。此时心身会感觉突然放松，来回 5 次，让气血轮回全身。

2. 站式

平站，双脚外跨平肩线，目平视，双手放松自然垂下。稍静心后，先渐渐把脚后跟竖起，让重心转至双脚尖上，竖稳（同时悄悄地吸气），到脚尖与身姿平衡后，心中默念 1、2、3、

4，然后把重心随脚后跟快速压下，同时双手掌心向前也猛地发力往前向上举过头顶，双手尽力向后倒压，呈腰部后仰、腹部前凸状。此时，督脉在百会穴与任脉对接，会瞬间顿感到一阵电流从脚底升起，沿脊椎至头顶。之后手徐徐放下，脚后跟又开始踮起，进入下一个轮回。来回 10 次左右，会感到全身神清气爽。这是在办公室能显示即刻效果的有氧运动，更是解决“办公室综合征”的有力武器。它不仅能使人的心率保持在 70 次/分钟左右，让血液可以供给心肌足够的氧气，有益人的心脏、心血管健康，还能锻炼小腿肌肉和脚踝，防止久坐而引起的静脉不畅，增强踝关节的稳定性。

十八、手腕运动

知道“鼠标手”吗？怎样才能远离它呢？

“鼠标手”通俗而狭义地讲就是“腕管综合征”，是指人体的正中神经以及进入手部的血管在腕管处受到压迫所产生的症状，主要会导致食指和中指僵硬疼痛、麻木及拇指肌肉无力感。现代越来越多的人每天长时间接触、使用电脑，每天重复着在键盘上打字和移动鼠标的动作，手腕关节因长期密集、反复和过度的活动，导致腕部肌肉或关节麻痹、肿胀、疼痛、痉挛，使这种病症迅速成为一种日渐普遍的现代文明病。

1. 十指交叉操

简单易懂有显效。十指交叉紧扣呈抱拳状，各指肚暗用力压着附着的手掌背指根关节处。左手指肚用力压右手掌背指根关节处时，右手五指伸直张开；右手指肚用力压左手掌背指根关节处时，左手五指伸直张开。一压一张，力量在十指根关节处交替，手指根关节和手掌关节随之 90°起舞，每次 15 个轮回。

2. 捏十指尖

大拇指和食指指肚捏住各指尖，按一顺时针一逆时针方向进行搓按，来回 10 个回合。十指都搓按到，一轮做下来，十指会有麻胀感。每天都要做，长期坚持。

3. 拳击掌心

左手握拳，用掌背指根关节骨（即拳用力点）击右手掌心，右手掌心迎接左手拳，每次击 5 次以上，互击双手掌。这样可以让手掌心中的劳宫穴得到激活，让手掌气血充盈，活力跃然掌心。

4. 穴位按摩

手腕关节处内侧的大陵穴和外侧的阳池穴，两穴均在手腕横纹上。大拇指按住大陵穴，中指指肚按住阳池穴，像钳住手腕一样，两指发力按摩，有麻胀感穿过手腕中心，同时随力度和频率的增加，有麻胀感放射到十指尖。

参考文献

李刚 . 2013. 农民健身方法与健身误区 [M]. 天津：天津科学技术出版社.

李伟，李广 . 2012. 农民健身知识普及读本 [M]. 沈阳：辽宁大学出版社.

李伟，李广 . 2013. 新农民健身项目精选 [M]. 沈阳：辽宁大学出版社.

王凤仙，钱道明 . 2019. 农民体育健身手册 [M]. 北京：中国农业出版社.

中央农业广播电视学校，中国农民体育协会组 . 2019. 农民健身手册 [M]. 北京：中国农业出版社.